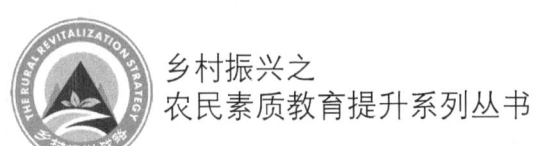乡村振兴之农民素质教育提升系列丛书

防灾减灾基本常识

石泓 陈晔 张琼 主编

中国农业科学技术出版社

图书在版编目（CIP）数据

防灾减灾基本常识／石泓，陈晔，张琼主编. —北京：中国农业科学技术出版社，2020.7

（乡村振兴之农民素质教育提升系列丛书）

ISBN 978-7-5116-4832-7

Ⅰ.①防… Ⅱ.①石…②陈…③张… Ⅲ.①农村-灾害防治 Ⅳ.①X4

中国版本图书馆CIP数据核字（2020）第111712号

责任编辑　徐　毅
责任校对　马广洋

出 版 者	中国农业科学技术出版社
	北京市中关村南大街12号　邮编：100081
电　　话	（010）82106631（编辑室）　（010）82107902（发行部）
	（010）82109709（读者服务部）
传　　真	（010）82106631
网　　址	http://www.castp.cn
经 销 者	各地新华书店
印 刷 者	北京建宏印刷有限公司
开　　本	850 mm×1 168 mm　1/32
印　　张	5.375
字　　数	140千字
版　　次	2020年7月第1版　2020年7月第1次印刷
定　　价	24.00元

◆◆◆ 版权所有·翻印必究 ◆◆◆

《防灾减灾基本常识》编委会

主　编：石　泓　陈　晔　张　琼

副主编：刘永彬　谷　红　郭少颖　高增立
　　　　贾慧群　李　军

编　委：李素霞　闫冬梅　吴明雄

前　言

近年来，我国多地遭受地震、洪涝、泥石流、台风、火灾等灾害袭击，不仅威胁到了人们的生命安全，也给人们带来巨大的经济损失。重大病虫害的发生，也给农业生产造成了巨大损失，特别是对依靠种养业为主要经济收入来源的人们造成了一定影响。

了解农业农村可能发生的自然灾害及其产生的原因，学习掌握这些灾害防范的基本知识，增强防灾减灾意识，提高防灾避险、自救互救能力，是广大人民群众必须掌握的基本知识和技能。

本书共8章，前5章对地震、洪涝、泥石流、台风、火灾等自然灾害进行了详细解读，主要包括灾害产生的原因、表现、灾害的预防以及面对灾害的自救与互救方法；第六章、第七章分别对养殖业中的重大病害、农作物中的重大虫害的防控进行了介绍；第八章对人类疫情的防范进行了介绍。本书具有准确性、全面性和普及性等特点。通过本书的学习，希望广大读者能增强忧患意识，防患于未然，提高灾害救援能力，从容应对风险挑战。

由于时间仓促，书中难免存在不足之处，欢迎广大读者批评指正。

编　者
2020年5月

目 录

第一章 地震的防范 ……………………………………… (1)
第一节 地震的产生及类型 ……………………… (1)
第二节 地震灾害预防 …………………………… (9)
第三节 地震灾害的自救与互救 ………………… (14)

第二章 洪涝的防范 ……………………………………… (25)
第一节 洪涝的特点与性质 ……………………… (25)
第二节 洪涝灾害的预防 ………………………… (30)
第三节 洪涝灾害的自救与互救 ………………… (36)

第三章 泥石流的防范 …………………………………… (47)
第一节 泥石流的危害和特点 …………………… (47)
第二节 泥石流灾害预防 ………………………… (58)
第三节 泥石流灾害的自救与互救 ……………… (65)

第四章 台风的防范 ……………………………………… (72)
第一节 台风的危害 ……………………………… (72)
第二节 台风灾害的预防 ………………………… (77)
第三节 各类群体防台措施 ……………………… (81)

第五章 火灾的防范 ……………………………………… (89)
第一节 火灾的危害 ……………………………… (89)
第二节 火灾的预防 ……………………………… (93)
第三节 火灾的扑救与自救 ……………………… (101)

第六章 养殖业重大病害防控 …………………………… (110)
第一节 非洲猪瘟 ………………………………… (110)

第二节 猪瘟 ………………………………………… (114)
  第三节 猪口蹄疫 ……………………………………… (116)
  第四节 高致病性猪蓝耳病 …………………………… (117)
  第五节 羊布病 ………………………………………… (119)
  第六节 小反刍兽疫 …………………………………… (121)
  第七节 高致性禽流感 ………………………………… (123)
  第八节 鸡新城疫 ……………………………………… (126)
第七章 农作物重大虫害防控 ……………………………… (128)
  第一节 草地贪夜蛾防控技术 ………………………… (128)
  第二节 草地螟防控技术 ……………………………… (130)
  第三节 黏虫防控技术 ………………………………… (132)
  第四节 蝗虫防控技术 ………………………………… (134)
  第五节 水稻重大病虫害防控技术 …………………… (136)
  第六节 小麦重大病虫害防控技术 …………………… (141)
  第七节 玉米重大病虫害防控技术 …………………… (145)
  第八节 棉花重大病虫害防控技术 …………………… (147)
第八章 人类疫情的防范 …………………………………… (154)
  第一节 人类发生的重大疫情 ………………………… (154)
  第二节 农业生产中疫情的防范 ……………………… (158)
  第三节 做好个人防护 ………………………………… (160)
参考文献 ……………………………………………………… (164)

第一章 地震的防范

第一节 地震的产生及类型

一、地震的产生

地震就是地球表层的快速震动，在古代又称为地动。它就像刮风、下雨、闪电、山崩、火山爆发一样，是地球上经常发生的一种自然现象。地球的结构就像鸡蛋，可分为3层。中心层是"蛋黄"——地核；中间是"蛋清"——地幔；外层是"蛋壳"——地壳。地震一般发生在地壳之中。地球在不停地自转和公转，同时地壳内部也在不停地变化。由此而产生力的作用，使地壳岩层变形、断裂、错动，于是便发生地震。

二、地震的类型

引起地球表层振动的原因很多。根据地震的成因，其类型主要包括以下几种。

（1）构造地震。构造地震是构造运动引起的地震。组成地壳的岩层在地应力作用下，发生倾斜或弯曲变形，当地应力继续增强，积累到超过岩层所能承受的限度时，沿着岩层构造薄弱的地方，突然发生断裂或错位，使长期积累起来的能量急剧地释放出来，并以波的形式向四周传播而引起地面的振动。这类地震发生的次数最多，破坏力也最大，约占全世界地震的90%以上。

（2）火山地震。火山地震是由火山爆发而引起的。火山地震主要有两种：一种是火山爆发时，由于岩浆冲击地壳使局部地区岩层发生变形和变位而引起的地震；另一种是火山爆发后，由于大量岩浆损失，地下压力减小或地下深处补给不及，出现空洞，从而引起上面覆盖的岩层断裂或塌陷而产生的。只有在火山活动区才可能发生火山地震，这类地震只占全世界地震的7%左右。

（3）诱发地震。由于水库蓄水、油田注水等活动而引发的地震称为诱发地震。这类地震仅仅在某些特定的水库库区或油田地区发生。

（4）陷落地震。陷落地震是由于地下溶洞或矿山采空区的陷落而引起的局部地震。这类地震的规模比较小，次数也很少，即使有，也往往发生在溶洞密布的石灰岩地区或大规模地下开采的矿区。

（5）人工地震。地下核爆炸、炸药爆破等人为引起的地面振动称为人工地震。

三、震源、震源深度、震中、地震波、地震震级和地震烈度

震源：地球内发生地震的地方。

震源深度：震源垂直到地表的距离是震源深度。我们把地震发生在60km以内的称为浅源地震；60~300km为中源地震；300km以上为深源地震。目前有记录的最深源的地震达720km。

震中：震源上方正对着地面称为震中。震中及其附近的地方称为震中区，也称为极震区。震中到地面上任意一点的距离称为震中距离（简称震中距）。震中距在100km以内的称为地方震；在1 000 km以内的称为近震；大于1 000 km的称为远震。

地震波：地震时，在地球内部出现的弹性波叫做地震波。这就像石子投入水中，水波会向四周一圈一圈地扩散一样。地震波

主要包括纵波和横波。振动方向与传播方向一致的波成为纵波（p波）。来自地下的纵波引起地面上下颠簸振动。振动方向与传播方向垂直的波为横波（s波）。来自地面的横波能引起地面的水平晃动。横波是地震时造成建筑物破坏的主要原因。由于纵波在地球内部的传播速度大于横波，纵波总是先到达地表，而横波总是落后一步。这样发生较大的近震时，一般人们先感到上下颠簸，过数秒或十几秒后才感到很强的水平晃动。这一点非常重要，因为纵波给我们一个警告，告诉我们造成建筑物破坏的横波马上就要到了，快点作出防备。

地震震级：是指地震的大小，是表征地震强弱的量度，是以地震仪测定的每次地震活动释放的能量多少来确定的。震级通常用字母 M 表示。我国目前使用的震级标准是国际上通用的里氏分级表，共分 9 个等级。通常把小于 2.5 级的地震称为小地震，2.5~4.7 级地震称为有感地震，大于 4.7 级地震称为破坏性地震。震级每相差 1.0 级，能量相差大约 30 倍；每相差 2.0 级，能量相差 900 多倍。例如，一个 6 级地震释放的能量相当于美国投掷在日本广岛的原子弹所具有的能量。一个 7 级地震相当于 32 个 6 级地震，或相当于 1 000 个 5 级地震，震级相差 0.1 级，释放的能量平均相差 1.4 倍。按震级大小可把地震划分为以下几类：弱震震级小于 3 级；有感地震震级等于或大于 3 级，小于或等于 4.5 级；中强震震级大于 4.5 级，小于 6 级；强震震级等于或大于 6 级。其中，震级大于等于 8 级的又称为巨大地震。

地震烈度：同样大小的地震，造成的破坏不一定相同；同 1 次地震，在不同的地方造成的破坏也不一样。为了衡量地震的破坏程度，科学家又"制作"了另一把"尺子"——地震烈度。在中国地震烈度表上，对人的感觉、一般房屋震害程度和其他现象做了描述，可以作为确定烈度的基本依据。影响烈度的因素有震级、震源深度、距震源的远近、地面状况和地层构造等。一般情况下仅就烈度和震源、震级间的关系来说，震级越大震源越浅、烈度也越大。一般来讲，1次地震发生后，震中区的破坏最重，烈度最高；这个烈度称为震中烈度。从震中向四周扩展，地震烈度逐渐减小。所以，1次地震只有1个震级，但它所造成的破坏，在不同的地区是不同的。也就是说，1次地震，可以划分出好几个烈度不同的地区。这与1颗炸弹爆炸后，近处与远处破坏程度不同道理一样。炸弹的炸药量，好比是震级，炸弹对不同地点的破坏程度好比是烈度。我国把烈度划分为12度，不同烈度的地震，其影响和破坏大体如下。

小于3度人无感觉，只有仪器才能记录到；

3度在夜深人静时人有感觉；

4~5度睡觉的人会惊醒，吊灯摇晃；

6度器皿倾倒，房屋轻微损坏；

7~8度房屋受到破坏，地面出现裂缝；

9~10度房屋倒塌，地面破坏严重；

11~12度毁灭性的破坏。

四、我国地震情况以及地震带

地震是典型的地质灾害之一，有时会酿成巨大的灾难。中国是震灾严重的国家，因为中国地处世界两大地震带——环太平洋地震带与欧亚地震带之间，受太平洋板块、印度板块和菲律宾海板块的挤压，地震断裂带十分发育。20世纪以来，中国共发生6级以上地震近800次，遍布除贵州、浙江两省和香港特别行政区以外的所有的省、自治区、直辖市。中国地震活动频度高、强度大、震源浅、分布广、破坏性大。1900年以来，中国死于地震的人数高达60余万；100多次破坏性地震袭击了22个省（自治区、直辖市），其中，涉及东部地区14个省，造成27万余人丧生，占全国各类灾害死亡人数的54%，地震成灾面积达30多万 km²，房屋倒塌达 700 多万间。

我国的地震活动主要分布在 5 个地区的 23 条地震带上。这 5 个地区具如下。

中国台湾地区及其附近海域；

西南地区，主要是西藏自治区（全书简称西藏）、四川省西部和云南省中西部；

西北地区，主要在甘肃省河西走廊、青海省、宁夏回族自治区（全书简称宁夏）、天山南北麓；

华北地区，主要在太行山两侧、汾渭河谷、阴山——燕山一带、山东中部和渤海湾；

东南沿海的广东、福建等省。

我国的台湾省位于环太平洋地震带上，西藏、新疆维吾尔自治区（全书简称新疆）、云南、四川、青海等省区位于喜马拉雅—地中海地震带上，其他省区处于相关的地震带上。中国地震带的分布是制定中国地震重点监视防御区的重要依据。

五、全球以及中国著名地震

1. 全球 20 世纪以来的最强地震

苏门答腊岛附近海域 2005 年 3 月 28 日（北京时间 29 日零时 9 分）发生里氏 8.5 级地震，这是自 1900 年以来人类历史上发生的 12 次最强烈地震。以下是 12 次大地震的基本情况（按照震级排列）：

智利大地震（1960 年 5 月 22 日）：里氏 8.9 级（又有报为 9.5 级）。发生在智利中部海域，并引发海啸及火山爆发。此次地震共导致 5 000 人死亡，200 万人无家可归。此次地震为历史上震级最高的 1 次地震。

美国阿拉斯加大地震（1964 年 3 月 28 日）：里氏 8.8 级。此次引发海啸，导致 125 人死亡，财产损失达 3.11 亿美元。阿拉斯加州大部分地区、加拿大育空地区及哥伦比亚等地都有强烈震感。

厄瓜多尔大地震（1906年1月31日）：里氏8.8级，发生在厄瓜多尔及哥伦比亚沿岸。地震引发强烈海啸，导致1 000多人死亡。中美洲沿岸、圣弗朗西斯科及日本等地都有震感。

美国阿拉斯加大地震（1957年3月9日）：里氏8.7级，发生在美国阿拉斯加州安德里亚岛及乌姆纳克岛附近海域。地震导致休眠长达200年的维塞维朵夫火山喷发，并引发浪高15m的大海啸，影响远至夏威夷岛。

（并列）印度尼西亚大地震（2004年12月26日）：里氏8.7级，发生在位于印度尼西亚苏门答腊岛上的亚齐省。地震引发的海啸席卷斯里兰卡、泰国、印度尼西亚及印度等国，导致约30万人失踪或死亡。

（并列）俄罗斯大地震（1952年11月4日）：里氏8.7级。此次地震引发的海啸波及夏威夷群岛，但人员伤亡较小。

（并列）印度尼西亚大地震（2005年3月28日）：里氏8.7级，震中位于印度尼西亚苏门答腊岛以北海域，1 000人死亡，但未引发海啸。

（并列）美国阿拉斯加大地震（1965年2月4日）：里氏8.7级。地震引发高达10.7m的海啸，席卷了整个舒曼雅岛。

中国西藏墨脱大地震（1950年8月15日）：里氏8.6级。2 000余座房屋及寺庙被毁。至少有3 300人死亡。

（并列）俄罗斯大地震（1923年2月3日）：里氏8.5级，发生在俄罗斯堪察加半岛。

（并列）印度尼西亚大地震（1938年2月3日）：里氏8.5级，发生在印度尼西亚班达附近海域。地震引发海啸及火山喷发，人员及财产损失惨重。

（并列）俄罗斯千岛群岛大地震（1963年10月13日）：里

氏 8.5 级，并波及日本及俄罗斯等地。

2. 中国 12 次大地震

1556 年 1 月 23 日中国陕西省华县 8 级地震，死亡人数高达 83 万。

1668 年 7 月 25 日 20：00 左右，山东省郯城大地震震级为 8.5 级。郯城大地震波及 8 省 161 县，是中国历史上地震中最大的地震之一，破坏区域面积 50 万 km^2 以上，史称"旷古奇灾"。

1920 年 12 月 16 日 20 时 5 分 53 秒，中国宁夏回族自治区海原县发生震级为 8.5 级的强烈地震。死亡 24 万人，毁城 4 座，数十座县城遭受破坏。

1927 年 5 月 23 日 6 时 32 分 47 秒，中国甘肃省古浪发生震级为 8 级的强烈地震。死亡 4 万余人。地震发生时，土地开裂，冒出发绿的黑水，硫黄毒气横溢，熏死饥民无数。

1932 年 12 月 25 日 10 时 4 分 27 秒，中国甘肃省昌马堡发生震级为 7.6 级的大地震。死亡 7 万人。地震发生时，有黄风白光在黄土墙头"扑来扑去"；山岩乱蹦冒出灰尘，中国著名古迹嘉峪关城楼被震坍一角；疏勒河南岸雪峰崩塌；千佛洞落石滚滚……余震频频，持续竟达半年。

1933 年 8 月 25 日 15 时 50 分 30 秒，中国四川省茂县叠溪镇发生震级为 7.5 级的大地震。地震发生时，地吐黄雾，城郭无存，有一个牧童竟然飞越了两重山岭。巨大山崩使岷江断流，壅坝成湖。

1950 年 8 月 15 日 22 时 9 分 34 秒，中国西藏自治区察隅县发生震级为 8.6 级的强烈地震。雅鲁藏布江在山崩中被截成四段，有一座村庄被整个抛到江对岸。

邢台地震由 2 个大地震组成：1966 年 3 月 8 日 5 时 29 分 14 秒，河北省邢台专区隆尧县发生震级为 6.8 级的大地震；1966 年 3 月 22 日 16 时 19 分 46 秒，河北省邢台专区宁晋县发生震级为

7.2级的大地震,共死亡8 064人,伤38 000人,经济损失10亿元。

1970年1月5日1时0分34秒,中国云南省通海县发生震级为7.7级的大地震。死亡15 621人,伤残32 431人。

1975年2月4日19时36分6秒,中国辽宁省海城县发生震级为7.3级的大地震。由于此次地震被成功预测预报预防,使更为巨大和惨重的损失得以避免,它因此被称为20世纪地球科学史和世界科技史上的奇迹。

1976年7月28日3时42分54.2秒,中国河北省唐山市发生震级为7.8级的大地震。死亡24.2万人,重伤16.4万人,一座重工业城市毁于一旦,直接经济损失100亿元以上,为20世纪世界上人员伤亡最大的地震(图1-1)。

图1-1 唐山大地震

1988年11月6日21时3分、21时16分,中国云南省澜沧耿马傣族佤族自治县发生震级为7.6级(澜沧)、7.2级(耿马)

的 2 次大地震。相距 120km 的两次地震,时间仅相隔 13 分钟,两座县城被夷为平地,伤 4 105 人,死亡 743 人,经济损失 25.11 亿元。

2008 年 5 月 12 日 14 时 28 分,四川省汶川县发生震级为 8.0 级地震,直接严重受灾地区达 10 万 km^2,造成 69 197 人遇难,374 176 人受伤,18 222 人失踪,累计解救和转移 1 485 462 人(图 1-2)。

图 1-2 汶川大地震

第二节 地震灾害预防

一、地震预报

1. 震前预报

地震预报是对未来破坏性地震发生的时间、地点和震级及地震影响的预测，是根据地震地质、地震活动性、地震前兆异常和环境因素等多种手段的研究与前兆信息监测所进行的现代减灾科学。地震预报技术是从地震监测、大震考察、野外地质调查、地球物理勘探、室内试验研究等多方面对地震发生的条件、规律、前兆、机理、预报方法及对策等的综合技术。地震预报的三要素是指发震时间、地点和震级。《中国地震预报概论》（梅世蓉、冯德益等著，地震出版社1993年版）谈到地震综合预报五阶段工作程序为地震形势预测、年度地震中期预报、地震短期预报、地震临震预报与震后预报。

2. 震后趋势预报

震后地震趋势判定（震后地震趋势预报）——指对社会产生影响的地震发生后，对受其影响地区近期内地震活动形势的分析结果，包括对震后不会再发生破坏性地震的无震预报，也包括对震后强余震或更大地震的预报。我国根据观测到的大量前兆异常资料及一系列预报地震的经验，逐渐形成了"长（数年至一二十年）、中（一到数年）、短（数月以内）、临（数天至几十天）"的渐进式预报模式；采取"震源形成及演变过程的追踪与区域应力场变化的动态监测相结合"的工作方式；用"条、块、带、源、场、兆、触、震"整体协同分析，进而研究了地震预报的判据、指标、方法以及技术程序。

3. 地震综合预报

地震综合预报包括长期预报、地震形势预报、年度中期预报、短期预报、临震预报、震后趋势预报六部分。

4. 目前地震预报情况

到目前为止，地震预报还是一个世界性难题。地震预报必须同时包括时间、地点和强度，由于地震情况复杂，有些地震能预报，有些则无法预报。目前，包括像美国、日本等发达国家在内，地震预报仍然处于探索阶段，地震预报还远远没有做到像天气预报那样准确。

5. 我国地震预报

在我国，我们对地震孕育发生的原理、规律有所认识，但还没有完全认识；我们能够对某些类型的地震作出一定程度的预报，但还不能预报所有的地震，我们作出的较大时间尺度的中长期预报已有一定的可信度，但短临预报的成功率还相对较低。我国的地震预报由于国家的重视和其明确的任务性，经过一代人的努力，已居于世界先进行列。在第四个地震活跃期内，曾成功地对海城等几次大震做过短临预报，因此，经联合国教科文组织评审，作为唯一对地震作出过成功短临预报的国家，被载入史册。地震短期预报和临震预报，由省、自治区、直辖市人民政府按照国务院规定的程序发布。任何单位或者从事地震工作的专业人员关于短期地震预测或者临震预测的意见，应当报国务院地震行政主管部门或者县级以上地方人民政府负责管理地震工作的部门或者机构按照前款规定处理，不得擅自向社会扩散。在我国，地震预报的发布权在政府。属于地震系统的任何一级行政单位、研究单位、观测台站、科学家和任何个人，都无权发布有关地震预报的消息。"九五"期间，中国建立了国家数字地震台网，含有50个数字地震台站，同时，建立了一批区域数字地震台网。进入"九五"以来，又实施了中国地壳运动观测网络的大型科学工程，建立了 GPS 观测网络。该网络包括25个连续观测的基准站、56个定期复测的基本站和1 000多个不定期复测的区域站。国家数字地震台网和中国地壳运动观测网络均于2000年正式建成并通过了国家验收，2001年已投入正式运行。目前已在地震科学和地震监测预报研究中展示了广阔前景。此外，通过"九五"大力加强卫星遥感技术在地震监测中的应用研究，在华北、西北、西南等地建立了卫星遥感观测站，接收卫星图像数据，开展相应区域的热异常监视。此外，数字地震前兆台网的建设也有了新的进展,建立了山东省试验数字地震前兆台网并进一步向全国各地推广。

二、地震前兆

地震,特别是强烈地震之前,经常会出现一些异常现象,人们把这类现象称为地震前兆。除了专业地震监测获得的前兆信息外,自然现象中可能出现的地震前兆如下。

1. 气象异常

地震之前,气象也常常出现反常状况。主要有震前闷热,人焦灼烦躁,久旱不雨或阴雨绵绵,黄雾四塞,日光晦暗,怪风狂起,6月冰雹,等等。

2. 地下水异常

井水是个宝,前兆来得早,
天雨水质浑,天旱井水冒。
水位变化大,翻花冒气泡,
有的变颜色,有的变味道。

3. 动物异常

震前动物有预兆,群测群防很重要。
牛羊骡马不进圈,猪不吃食狗乱咬。
鸭不下水岸上闹,鸡乱上树高声叫。
冰天雪地蛇出洞,大猫携着小猫跑。
兔子竖耳蹦又撞,鱼儿惊慌水面跳。
燕子盘旋不进屋,老鼠搬家往外逃。
蜜蜂群迁闹哄哄,鸽子惊飞不回巢。
家家户户都观察,综合异常作预报。

4. 地光和地声

地光和地声是地震前夕或地震时,从地下或地面发出的光亮及声音,这些都是重要的临震预兆。

5. 地声异常

地声异常是指有时地震前有来自地下的声音。其声犹如炮响雷鸣，也有如重车行驶，大风鼓荡等异常声音。如果在震中区域，3级地震有时可听到地声。

6. 小震报大震

地震有"前震——主震——余震"型，小震即前震，可作为大震的前兆。

7. 地光异常

地光颜色多种多样，以红色与白色为主。其形态也各异，有带状、球状、柱状、弥漫状等。一般地光出现的范围较大，多在震前几小时到几分钟内出现，持续几秒钟。

8. 地气异常

地气异常指地震前来自地下的雾气，又称地气雾或地雾。这种雾气，具有白、黑、黄等多种颜色，有时无色，常在震前几天至几分钟内出现，常伴有怪味，有时伴有声响或带有高温。

9. 地动异常

地震尚未发生之前，有时也会感到地面晃动，这种晃动与地震时不同，摆动得十分缓慢，地震仪常记录不到，但很多人可以感觉到。

10. 地鼓异常

地鼓异常指地震前地面上出现鼓包。与地鼓类似的异常还有出现地裂缝、地陷等。

11. 电磁异常

电磁异常指地震前家用电器如收音机、电视机、日光灯等出现的异常。最为常见的电磁异常是收音机失灵。

三、平时防地震准备

（1）全家人都要知道煤气及电源开关的位置及如何使用开

关。家中随时准备干电池、收音机、手电筒、急救箱等物品,要放置在固定位置,家人都要知道。

(2) 家中摆放的物品或装饰品,首先要考虑牢固、安全。

(3) 家中应备有家用消防器材,并要知道如何使用。

(4) 地震时家中哪里最安全人人都要知道。

(5) 平时了解居家、工作场所、学校附近的可应急避难场所,地震时就可能撤到安全的地方。

(6) 要了解自己天天接触的建筑物,像学校教学楼、寝室、家中的房屋等。直到哪种结构的建筑物抗震性更好。一般而言,剪力墙结构好于框架结构,框架结构好于砖混结构,砖混结构好于砖石结构,砖石结构比土坯墙抗震。有些楼房,其露面构件采用预制板,由于其整体性较差,地震中容易发生整体倒塌。

(7) 家中要准备地震急救包,放一些必需的物品,如手电筒、食品、矿泉水、药品以及绳子、小锤子等。

第三节　地震灾害的自救与互救

一、地震发生时怎么办

地震时最重要的是保持镇静,不要惊慌失措,不能失去理智,因为恐慌才是最大的危险。每年全球发生的地震,大部分为中小地震,7级以上的大地震很少。

根据统计,在地震发生时,真正由于灾难本身原因发生死亡的并不太多,地震发生时,多数人只会随别人行动,而不能冷静地思考,由于逃生本能促使仓皇中因跳楼、拥挤、践踏而死伤的却不少。很多时候不是地震本身造成了伤害,而是惊慌失措的踩踏等制造了二次伤害。

专家认为,地震发生时,至关重要的是要保持清醒,要有镇

第一章 地震的防范

静自若的心态。主震发生时，持续时间平均只有 12 秒。此时要保持冷静，在 12 秒钟内要根据具体情况，瞬间做出避险抉择。

根据专家的建议，当地震发生时，如下的知识非常重要。

1. 在学校

能撤离时，迅速有序地疏散到安全的地方。不能迅速撤离时，要因地制宜就近避险。

（1）在教室。如果学校内教室为砖砌平房或者是楼房的一楼、低楼层，地震时坐在离门较近的学生，可迅速从门窗逃出教室，撤离到校园中的开阔地带，如操场等地。离门较远，如果来不及出逃，迅速就近躲在课桌下面或者墙根下，双手抱头或者用书包保护头部。

①上课时候千万不要锁教室的后门。地震发生时，坐在门边的同学要立即打开教室后门，防止教室门变形后无法打开；坐在开关附近的同学应顺手关闭教室的电灯、电扇的电源。

②如果楼层较高，千万不要跳楼、跳窗，也不要在教室里乱跑、争抢外出。在高楼，强震时不可贸然外逃，因为时间来不及。盲目乱跑，不仅不能逃生，还极易发生踩踏挤伤。如楼梯口拥挤，有的可迅速分散到跨度小的房间，如洗手间、小办公室等；有的可迅速就近躲避在课桌、讲台下；靠内墙的同学要紧靠墙根。外墙容易倒塌，不能靠近。

学校教学楼多为框架结构，具有一定的抗震性。

③从高楼向下转移时，千万不要跳楼，也不能乘电梯。主震后一般有余震，要在 2 次地震的间隙迅速撤离，以防余震和火灾等并发灾害。

④要注意保护头部，以防异物砸伤。地震时房屋倒塌会导致产生大量的灰尘，许多人因此窒息而死，要用口罩或者毛巾、衣服（用水浸湿、拧半干后更好）等捂住嘴和鼻子，闭眼。身体取低位，以免摔伤；远离玻璃窗，以免被玻璃扎伤。不要到阳

台、窗下躲避,这些地方容易崩塌。不要到处跑,不要随人流拥挤,以免发生挤压踩伤。

(2)在操场、室外。

①站立不稳时,可原地不动蹲下,以免在地震中摔倒。不要慌张地往室内冲。

②双手抱住头部,注意避开高大建筑物或危险物,如电线、标牌、盆景等。

③远离在建中的建筑物。

④在山区,要警惕滚石、山体滑坡、泥石流、山洪、崩塌等。

(3)若在多媒体、多功能教室等地方,如来不及撤离,可就地躲在排椅下,用书包等物保护头部,注意避开吊灯、电扇等悬挂物,待主震过后尽快撤离。

2. 在家中

(1)地震一旦发生,首先要保持清醒、冷静的头脑,及时判别震动状况,千万不可在慌乱中跳楼,这一点极为重要。

(2)正在用火、用电时,要立即灭火和断电,防止烫伤、触电和发生火灾。

(3)立刻将门打开,尤其是坚固的防盗门,以免主震过后撤离时,房门、大门变形卡死无法进出。平时要事先想好万一被关在屋子里,如何逃脱的方法,准备好梯子、绳索等。

在坚固的楼房中(如框架结构),强震时不要试图跑出,因为时间来不及。冒失往外跑,易遭掉落物击伤。迅速寻找坚固的梁、柱以及附近或坚实的床、家具旁、内墙墙根、墙角处等易于形成三角形空间的地方躲避,也可转移到承重墙角多、开间小的厨房、洗手间、储藏室去暂避一时,因为这些地方结合力强,尤其是管道经过处理,具有较好的支撑力,抗震系数较高。并顺手用被褥、枕头、棉衣或脸盆等加强保护头部,应远离玻璃窗、

第一章 地震的防范

门，因为玻璃窗、门最容易破裂伤人。万万不能在窗户、阳台、楼梯、电梯及附近停留。

墙角要选择房间内侧的，因为外侧的墙在震动中容易倒塌。

小地震时躲在桌子等家具底下确实可以避免被上面掉下的东西砸到，但是碰上大地震，那些躲在桌下、床下和柜子里的人往往是最先被压到的。由中国台湾"9·21"大地震的经验可以知道，躲在桌子底下许多人被压遇难，蹲在钢琴旁边的很多人活命。因为碰上大地震，屋顶和屋梁垮下来的时候，屋里哪些结实的东西可能撑住，可能留下侧边一小块活命的空间。至于躲在桌子床下的，则可能被桌子和床架压到。

大震还是小震事先是无法预知的。所以，不管大小，最好选择上面没有大的危险物（如吊灯、书架、高处的电视等），而且有特别结实东西的旁边躲避。

若住在平房或楼层低的房间，则应冲出门外，同时，注意保护头部，可用双手抱头或者用随手能找到的枕头或垫子、盆当做"头盔"。千万别跑出来站在楼旁边，以免被上面落下的重物或玻璃伤到。要跑得越远，而且跑到空地上。

总之，地震时可根据建筑物布局和室内状况，审时度势，寻找安全空间和通道进行躲避，减少人员伤亡。

3. 在街上

（1）在街上，要赶紧撤离到空旷处，要远离危险的地方。高层建筑物的玻璃碎片和大楼外侧混凝土碎块、瓷砖以及广告招牌、霓虹灯架等，可能掉下伤人，因此，在街上时，最好将身边的书包或柔软的物品顶在头上，无物品时也可用手护在头上，尽可能做好自我保护的准备。要镇静，尽快避开高大建筑物，特别是有玻璃幕墙的建筑。远离过街天桥、立交桥、高烟囱、水塔、狭窄的街道、危旧房屋、围墙、女儿墙、雨篷、砖瓦木料、自动售货机以及化学、煤气等工厂和设施，撤离到就近开阔地带避震；蹲下或趴下，以免摔伤；不要随便返回室内。

（2）如果正在过桥，要紧紧抓住桥栏杆，防止在地震时颠簸摇晃中坠落桥下。主震过后立即向可靠近的岸边转移。

（3）如遇到起火或者有毒气体泄露，要选择在上风向有水的地方躲避。

（4）如在楼群密集区，附近找不到开阔的地方，根据具体情况，可以进入路旁大楼里暂避，以免被高空坠物砸伤，待主震过后撤离到开阔地带。

避开其他危险场所：尽量远离加油站、煤气储气罐等有毒、有害、易燃、易爆的场所和设施。

4. 在公共场所

（1）在体育馆、电影院等，最忌慌乱，要冷静观察周边环境，注意避开吊灯、电扇等悬挂物，用书包等物或双手保护头部。特别是当场内断电时，不要乱喊乱叫，更不得乱挤，要立即躲在排椅、台脚边或坚固物品旁，或者就近躲到开间小的房间，如洗手间，待地震过后在老师或者相关人员统一指挥下再有序地分路迅速撤离，就近在开阔地带避震。

（2）如在超市、商场、地下街等，要小心选择出口，避免遭人踩踏，切记不要使用电梯。在超市、商场遇到地震时，要保持镇静。由于人员众多，慌乱中容易导致货架倾倒，商品下落，可能使避难通道阻塞。因此，要保持冷静，避开人流，防止摔倒被踩踏。选择结实的柜台、商品（如低矮家具等）或柱子边以及内墙角处就地蹲下，用手或其他东西护头，避开玻璃门窗和玻璃橱窗，也可在通道边蹲下，等待地震平息，有秩序地撤离出去。

随人流行动时，要避免被挤到墙壁或栅栏处。要解开衣领，保持呼吸畅通。双手交叉放在胸前，保护自己，用肩和背承受外部压力。

第一章 地震的防范

处于楼上位置,原则上向底层转移位好。但楼梯往往是建筑物薄弱部位,因此,要看准避险的合适地方,就近躲避,震后迅速撤离。

(3) 在地铁、地下超市,不要慌忙挤向出口,如人群拥挤,要防止踩踏,原地躲避,等震后迅速撤离。

(4) 在公园、广场等遇到地震时,要迅速撤离到开阔地带,远离高大的游乐设施和其他建筑物。如在湖中游船上,船会左右摇晃,不要慌张,船上人员应均匀分坐两边,以免船在摇动中侧翻。将船划到开阔的岸边停靠稳后,上岸避险。

5. 在电梯中

在发生地震、火灾时,不能使用电梯。万一在搭乘电梯时遇到地震,迅速将操作盘上各楼层的按钮全部按下,一旦停下,迅速离开电梯。高层大厦以及近来新建的建筑物的电梯,都装有管制运行的装置。地震发生时,会自动停在最近的楼层。

万一被关在电梯中,要通过电梯中的专用电话与管理室联系、求助。

6. 在车内

(1) 地震发生时,如在行驶的公共汽车上,要抓牢扶手、竖杆,低头,以免摔倒或碰伤。在座位上的人,要将胳膊靠在前座的椅背上,护住面部;也可降低重心,躲在座位附近。要等车停稳、地震过去之后再下车,下车时要观察周围环境,防止高空坠物。

(2) 乘客在火车上遇到地震时,要用手牢牢抓住桌子、卧铺床、扶杆等,并注意防止行李从架上掉下伤人;在火车上面朝行车方向的人,身体倾向通道,两手护住头部;背朝行车方向的人,要两手护住后脑部,并抬膝护腹,紧缩身体,做好防御姿势。

(3) 开车途中发生地震时,不能紧急刹车,注意前后左右所发生的情况，减低车速，避开高架桥、电线杆、十字路口，选择空旷的地方靠边停放。为了不妨碍避难疏散的人和紧急车辆的通行，要让出道路的中间部分。车钥匙不要取下。如果在高楼林立的街道上，要迅速撤离到开阔地带，来不及则躲避在车旁（在大地震中躲在车外比车内安全）。

都市重心地区的绝大部分道路将会禁止通行或者无法通行。要注意汽车收音机的广播，附近有警察的话，要依照其指示行事。

为不致卷入火灾，要把车窗关好，车钥匙插在车上，不要锁车门，并和当地的人一起行动。

7. 在车库、停车场

地震发生时，如在停车场，特别是地下车场，来不及撤离，不要躲在车内，要躲在车子旁边或者两辆车中间的空隙处。注意保护好头部。

由中国台湾"9·21"大地震的经验可以知道，当车库中躲在车子里的人被压遇难时，同时躲在车与车之间的人大多没事。

8. 在开阔地

在街上的开阔地也不是万事大吉，要躲在人流拥挤处，小心被挤伤或者被踩踏。如果震动摇晃幅度达，就地蹲下或者趴下。注意保护头部。

9. 在野外

地震时正在郊外的人员，骑车的要下车，开车的要停车，人员靠边行走。注意收听关于震情和行动指南的广播。

（1）在山区。应迅速向开阔地或者高地转移，不可往下跑，不能躲在危崖、狭缝处，并时刻提防山崩、滑坡、滚石、泥石流、地裂、涨水等。如遇到山崩，要向远离滚石滚落方向的两侧跑。若出现滑坡和泥石流时，应立即沿斜坡横向向水平方向撤离。

（2）在河边。应迅速撤离到高地，谨防上游水坝和堰塞湖在地震中决口、垮塌。

（3）在平原。要远离河岸及高压线等，以防河岸崩塌、电线杆倒塌、河流突然涨水等。

（4）在海边。要远离海滩、港口，以防地震引发的海啸。

二、被埋压怎么办

地震时如被埋压在废墟下，周围是一片漆黑，而震后往往还有多次余震发生，处境可能继续恶化，为了免遭新的伤害，要尽量改善自己所处环境，设法脱险。在这种极不利的环境下，要注意做到如下几点。

（1）要保持呼吸畅通，挪开头部、胸部的杂物，用毛巾、衣服（最好是湿的）捂住口鼻，地震后产生的灰尘很大，要防止被烟尘窒息。据有关资料显示，震后20分钟获救的存活率达98%以上，震后1小时获救的存活率下降到63%，震后2小时还无法获救的人员中，窒息死亡者占死亡人数的58%。许多人不是在地震中因建筑物垮塌被砸死，而是窒息而死。

（2）若被埋压着周围有一定的空隙，要扩大和稳定生存空间，设法用砖石、木棍等支撑残垣断壁，以防余震发生后，生存环境进一步恶化。搬动物品时千万注意防止周围杂物进一步倒塌。

（3）如果手边有手机、小灵通、电话等通信工具，要充分利用。地震发生后，通讯可能中断，但是通讯修复后，救援人员可以很快找到受困者。

（4）寻找水和食品，创造生存条件，以延长生命，必要时自己的尿液也能起到解渴作用。

（5）不要随便动用室内设施，包括电源、水源等，也尽量不要使用打火机、火柴、蜡烛等明火，最好用手电筒照明。

（6）尽量保存体力，当外面有动静时，用石块、铁器等敲击能发出声响的物体，向外发出呼救信号，不要哭喊，不要急躁和盲目行动，这样会大量消耗精力和体力，应尽可能控制自己的情绪或闭目休息。要沉着，树立生存的信心，相信会有人来救你，要千方百计保护自己。如果受伤，对于少量流血的伤口一般不需要处理。如果伤口出血较多，要想法包扎，避免流血过多。

（7）如被埋压时间过长，身边没有食品，要想办法用一些东西，例如，纸张、衣服等填充胃部，以免出现消化性出血。同时，要节约饮用自己的尿液，以保持身体的水分。更先进的办法是，把空气吞入食道，迫使胃部充满气体，以免胃液消化自身组织。

通常，大部分人是因为消化系统的持续活动损伤了自己的胃，或者因为性能力波动而消耗了过多能量，导致体能提前衰竭。

三、地震后如何互救

震后被埋压得时间越短，被救者的存活率越高。地震后，外界就在队伍不可能立即赶到就在现场。在外援队伍到来之前，同学之间、师生之间、家庭和邻里之间应当自动组织起来，积极地开展互救活动。

救助工作的原则是：救近救易，先易后难。

（1）听仔细。注意倾听被困人员的呼喊、呻吟、敲物声。

（2）挖得准。抢救时，要根据房屋结构，确定被困人员的大致位置，不要盲目乱挖乱扒，以防止意外伤亡。不要破坏了被埋压人员所处空间周围的支撑条件，引起新的垮塌，使被埋压人员再次遇险。

（3）施救得法。救援必须讲究方法。

①要先易后难，先救身边的，先救强壮人员、医务人员，以

增加帮手壮大抢救力量。

②首先要想办法使被埋人员头部暴露,尽快疏通被埋压人员的封闭空间,使新鲜空气流入,挖扒中如尘土太大应喷水降尘,以免被埋压者窒息。营救出来后,先迅速清除其口鼻内尘土,防止窒息,根据情况施行包扎或急救,并及时转移到安全的地方。

③不要强拉硬拖,防止新的伤亡。

④尽量用小型轻便的工具,避免重物利器伤人。

⑤注意保护幸存者的眼睛,由于在黑暗中时间太长,不能受强光刺激。

⑥如果昏迷的伤员有呼吸、脉搏,应把伤员翻成侧卧位,以防口腔内的分泌物或者呕吐物堵塞气管。

⑦对于颈椎和腰椎受伤的人员,切忌生拉硬拽,要在暴露其全身后慢慢移出,用硬木板担架送到医疗点。

⑧对于埋压过久者,应遮住其眼部并避免过急进食。

抢救时要先抢救重伤员。

四、灾后的卫生防疫

通常都说大灾之后又大疫。这个"灾"不光是地震,也包括其他自然灾害,如海啸、洪水、干旱,等等。做好灾后防疫首先要注意做到如下几点。

(1) 提高防病意识,不管在什么情况下,我们都应该注意避免得病。

(2) 预防消化道传染病,如急性肠胃炎、霍乱、痢疾、伤寒、肝炎等,做到饭前便后洗手。另外,要保证进水、进口的食物清洁。假如没有条件洗手,入口的食物尽量不要用手接触,例如,用筷子、干净的木棍夹着吃,尽可能保证干净。

(3) 加强灭鼠,防止蚊虫、跳蚤等叮咬。住所要多通风,不要长期待在人群聚集的地方,适当多透风,防止呼吸道传染病。

（4）一旦得病，要尽快找附近的医务人员，尽早吃药，尽早治疗。

（5）保护好自己的皮肤，皮肤有破口要消毒清洁，没有其他条件，用一些创可贴也可以。创面很小的伤口，用盐水等清洗也可以防止发炎。

皮肤有破口的，伤口不要接触土壤。地震后的环境比较脏乱，破伤风感染是比较常见的。其他病源也可以通过接触传播，例如，炭疽病菌，可以通过皮肤裂口接触传播甚至会污染土壤。

地震后，灾区由于气候潮湿、闷热多雨、粉尘飞扬、卫生条件较差等原因，容易引起常见皮肤病。要注意通风换气；充分利用日光或紫外线照射消毒；保持皮肤的清洁、干燥；注意洗涤，尽可能及时更换内衣、内裤、鞋袜；应注意环境、居室和个人卫生。发现疾病要及时治疗，以免扩大、播散。

另外，每天吃些大蒜，对预防传染性肠胃病非常好，而且有一定治疗作用。

第二章 洪涝的防范

第一节 洪涝的特点与性质

一、洪涝的特点

长久以来,洪涝都是我国最严重的自然灾害之一。洪涝地区十分广泛,我国50%以上的国土面积都曾受到洪涝的严重影响。每年我国不同区域有不同程度的洪涝发生,一次严重的洪涝灾害会造成巨大的经济损失和人员伤亡。我国洪涝灾害的时空分布极不均匀,在时间上,存在着年际间的连续性以及长短不同的阶段集中性;在地区上,洪涝有着相当明显的差异。其中,洪水灾害有着极强的突发性,它同其他自然灾害有着极为密切的联系,可以互相转移,互相影响,产生灾害的连锁反应。

我国洪涝灾害的形成,受很多因素的影响,而且灾害种类也是多种多样的,下面我们来具体了解一下。

1. 洪涝成因的多样性

在我国洪涝有着极为复杂而又繁多的成因。从大的方面出发,洪涝的成因可以分为人类活动因素和自然因素两类。人类活动因素对洪涝有着正负面的影响,倘若采取正确的措施,人类活动就会起到防御和减轻洪涝灾害的作用,否则,就会有加重和制造洪涝的可能,另外,随着人口的不断增加,以及社会经济的不断发展,洪涝灾害造成的损失也在不断趋于增大状态。而自然因素则包含了3个方面,即背景因素——自然地理环境;直接因素——暴雨和洪水的产生;间接因素——天气气候和水系特征的变化。除暴雨和洪水以外,形成洪涝的直接原因还包括以下几个方面:垮坝、泥石流、冰凌阻塞河道、地震引发山体崩塌堵塞河流等造成的次生洪灾以及受台风、寒潮大风、温带气旋和天文大潮的共同影响,从而造成的风暴潮灾害,其中,还有一种受海洋地震引发的强烈风暴潮——海啸。

2. 洪涝种类的多样性

我国地大物博,有着极为复杂的自然地理环境,千差万别的气候条件,众多的大小水系,特性各异的暴雨洪水以及不尽相同的洪涝成因,使得洪涝种类也十分丰富。

从性质上来讲,我国的洪涝灾害可以概括为三大类型,即洪水灾害、涝渍灾害和风暴潮灾害。而每一类洪涝灾害又有若干小的灾害包含其中,例如,河流洪灾、垮坝洪灾、山洪灾害、冰凌洪灾以及地震、泥石流、山体崩塌阻塞河道而引发的次生洪水灾害,都是属于洪水灾害的类型;涝灾和渍害属于涝渍灾害类型;海潮涨溢、海水倒灌和海啸则属于风暴潮灾害的类型。

二、洪涝的性质

洪涝灾害包括洪水灾害和涝渍灾害,虽然洪水灾害和涝渍灾害是两个不同的灾种,但是它们又是密不可分的整体,因而统称为洪涝灾害。

我们从洪水的形成过程和灾害表现特点可以看出,洪灾是一种突发性非常强的自然灾害。在自然界众多的自然灾害中,洪水的突发性仅次于地震灾害。突发性的洪水通常都是具有局部地区性的洪水。如泥石流,山洪暴发和小流域洪水、风暴潮洪水等,这些洪水的形成过程很短,其形成到灾难发生用时不过1~2小时,有的仅需数十分钟,而造成的灾难损失往往是非常巨大的。

例如，甘肃省文县城北关家沟位于嘉陵江上游地区，在1982年8月6日，因短历时大暴雨而诱发泥石流，洪水流速5~6m/秒，峰量达482m³/秒，水头高8~10m，冲出沟口，直奔文县县城，一时间地动山摇，隆隆之声好似雷动，此次洪灾历时30分，最后抵达白水江，造成江水堵塞6分钟，形成面积约1 700 m²的泥石流冲积扇，文县城内泥水深达2~4m，22人死亡，受伤19人，冲毁农田约13.33hm²，房屋672间和公路120km，统计直接经济损失约3 007万元。

这种发生在山区的洪水灾害，溪沟、小河流域的面积一般不超过100km²，但是由于水流落差大，洪水暴涨暴落，洪水的速度往往是惊人的，一般在2.5~3.5m/秒，最大流速可达6~8m/秒，突发性强，很难防范，故而破坏力非常大，历时1~10小时不等。当然，突发性的洪灾也不一定就持续时间短，如沿海地区的风暴潮最长持续时间超过100小时。

特大洪水也具有突发性，因为其由区域性洪水和流域性洪水共同组成，区域性洪水和流域性洪水的突发性造成的破坏大多只需数小时，而整个洪水过程有时要历时1~5个月。例如，1998年发生在我国长江流域的特大洪水就是这种情况，这次洪水淹没大量平原，吞噬农田无数，周边城镇也遭受了严重的损失。

涝渍灾害具有迟缓性，涝渍灾害与洪水灾害在时间分配上有2种情况，一种是有先涝后洪；另一种是先洪后涝。而且较之洪水灾害，涝渍灾害持续的时间比较长，范围更广，季节性也更强，造成的灾害不具有突发性，而是比较缓慢。

涝渍灾害的季节性强可从成因角度进行分析，湿度、降水量、蒸发、持续时间、土壤排水能力和农作物需水量等因素都与涝渍有着密切的关系，故而不同的气候环境和地域环境使得我国不同地区的易涝时间有所不同。例如，长江中下游地区就有2个易涝季节：一个是春季低温阴雨期；另一个是初夏梅雨期。

三、洪水和涝渍

1. 洪灾和涝灾的区分

在我国古代，有关洪涝灾害的记载，全部称为水灾；在世界其他国家中，凡受水淹，导致灾害发生，都称为洪灾或洪水。为什么洪涝不分呢？这是因为洪涝难分。无论是古代还是现代、是中国还是外国，实际发生的水灾中，先涝后洪、先洪后涝或洪涝并举的情况非常普遍，并且难以分割。随着近代科学经济和技术发展，世界各国深入开展防灾减灾工作，并且形成了一套彼此不同的防洪和除涝的工程措施。

一方面，防洪工程措施主要是修建堤防、水库和分蓄洪区，加上一些临时性防汛抢险措施；而除涝主要是通过动力设备和排水工程快速排除地面积水。另一方面，洪水与涝渍在危害性和水文特性方面也明显不同。俗话中总是将"洪水猛兽"联系在一起，听到这句话就可以知道洪水的来势有多凶猛了。它能在短时间内破坏房屋建筑和各种基础设备，毁坏农田庄稼，淹死人畜；而涝渍又称雨涝，一般强度较弱，来势较缓，主要是影响农作物生长，造成农业减产。随着城市经济发展，城市内涝积水也会影响商业经济和工业生产。因此，近代逐步形成洪涝之分：一般认为堤防溃决或河流漫溢造成的灾害称为洪灾；把当地雨水过多，积水长久不能排去，从而造成的灾害称为涝灾。

2. 我国涝渍灾害的地区分布

我国涝渍灾害的地区分布主要受两大因素影响，即降水量和地形，降水量越多越集中的地区，地形越低洼平坦的地区，涝渍灾害也就越多并且越严重。我国地形呈西高东低形势，我国降水分布呈东南多、西北少的趋势，主要江河自西向东流入大海。

我国的涝渍灾害主要发生在松花江、辽河、海河、黄河、淮河、长江和珠江七大江河中下游的广阔平原地区，集中分布在以下地区。

东北的三江平原；松（花江）嫩（江）平原；辽河平原；黄河河套平原；关中平原；海河中下游平原；淮北平原；里下河水网地区；江汉平原；鄱阳湖和洞庭湖滨湖地区；长江下游沿江平原；太湖流域湖荡地区；珠江三角洲地区。

由于涝渍灾害主要影响农业生产，因此，可以用涝渍耕地面积以及涝渍面积占总耕地面积的比重来反映各地涝渍情况。七大流域地区合计的易渍易涝耕地面积约占其耕地总面积的29.9%，以东北地区和太湖、淮河、珠江等流域涝渍最为严重，其中，淮河流域是我国最严重的易涝易渍地区。

四、洪涝与干旱

中国有句俗话：久旱必有久雨，久雨必有久晴。这句话总结了洪涝与干旱的不均匀分布和相互转换的关系。洪涝与干旱是属于气候变化问题，是降水不均匀分布产生的两个对立面。我国气候学家根据史书记载资料和考古发掘资料，分别对我国5 000年干湿气候变化和近500年旱涝变化进行全面研究。研究表明，我国气候既存在大的干旱气候期和湿润气候期交替变化，还存在小的干旱期和洪涝期振动，大干旱期和大湿润气候期的历时长度各不相等，从几十年到数百年，小干旱和小洪涝期长度从10余年至数百年。其中，大干湿气候期影响范围为全国性，而小旱涝期振动存在地区性差别，七大江河的小旱涝期交替的历时长度和起止时间都不尽相同。

上面所说的干旱与洪涝在时间上的交替变化，是以年为单位的长时间尺度，而在1年内的各月、各旬，也存在旱涝交替现象。我国广大地区在每1年中，普遍发生前涝后旱、前旱后涝或两头旱中间涝的现象。

一方面，我国大部分地区为季风气候区，每年冬、夏季风强弱、早晚和进退变化都不相同，从而引起了洪涝与干旱在时间上的交替和地域上的不均匀分布。通常情况下，随着夏季风自南至北的推进，淮河流域和长江中下游容易形成初夏梅雨期洪涝和盛夏伏旱或秋连旱；珠江流域有前（4—6月）、后（7—9月）汛期之分，容易出现前涝后旱或两头涝中间旱；东北和华北地区多见春旱、夏涝和秋旱。这些变化既形成了各地区的洪涝交替，又造成全国洪涝与干旱的不均匀分布。

另一方面，由于全国各地的地理环境复杂，局部地区受天气系统和大气环流影响也存在差别，还会造成涝中有旱或旱中有涝的复杂洪涝分布。例如，1954年是中华人民共和国成立至今有名的特大洪涝年，江淮流域出现特大洪涝灾害，长江流域形成流域性洪灾，但在长江上游的嘉陵江中上游，局部地区却产生了干旱。

第二节　洪涝灾害的预防

一、洪水来临前的预兆

1. 强台风的到来

强台风到来时，往往携风带雨，因此，增加降水。

强台风还可能导致海啸，海水淹没陆地。

台风暴雨造成的洪涝灾害，来势汹汹，破坏力极强。海水冲上陆地，便会毫不留情地卷走一切，人和物都难以幸免，且会引发滑坡、泥石流、疫病等。

2. 上游或本地连降大雨

上游连降大雨，会导致河道水量增加，并影响本地降水次数。

本地连续降水，多日不停，很可能导致河水越堤，形成洪水，所以，应多加防范。

第二章 洪涝的防范

区域性的持续降水、暴雨,很容易发生区域性的水灾,故而应充分做好防灾准备,尤其是住在低洼地区的居民应考虑转移到安全的地方。

3. 高山融雪及冰凌

由于季节的变化也容易引起突发性的水灾,如春季气候转暖,迎来融雪及融冰期,从而导致水灾的发生。

融雪洪水主要发生在高纬度积雪地区或高山积雪地区。当高山地区积雪偏多偏厚,入春后遇上急剧升温天气的影响,极易发生融雪洪水。

冰凌洪水主要是指流向高纬度的河段,使河段处于不同的纬度位置,会导致结冰期和融冰期有先后之别,如果流向高纬度的河段被结冰部分阻塞,会发生冰封河道,导致洪灾。

除此之外,洪水还可能由以下几种原因直接引发:强大的雷暴、龙卷风、热带风暴、季风等。

二、洪水来临前的准备工作

我国幅员辽阔,水文地理构架特殊,几乎每年都有或大或小的水灾泛滥发生在某些地方,而河谷、沿海地区及低洼地带则是重大水灾的常发地。因此,在暴雨时节来临之际,这些地方的人们就必须时时加以防范,避免造成严重的损失。那么,应该做哪些准备工作呢?下面将一一为你揭晓。

1. 洪水警报,防范洪水的"预防针"

在雨季,要时常注意收听收看天气预报。当有暴雨或大暴雨的连续播报时,地处河谷低洼地带、沿江沿湖地区的人们,就要提高警惕,随时关注洪水警报预告水面可能上涨到的高度和可能影响的区域。所以,常常关注警报内容,对于防范洪水是一剂必不可少的"预防针"。

如果洪水警报已经预告了洪水来临的信息,一定不要惊慌失措,要镇定下来,思索怎么让这一剂"预防针"起到更好的效用。

第一,根据收听到的洪水信息和所处的地理位置,选择正确的撤离路线。

第二,关掉煤气阀和电源总开关,以免混乱中引起火灾或漏电伤人。

第三,迅速将家中的贵重物品搬到楼上,或放置于高处,如衣柜、桌子或架子等上面,以防被水淹没。

第四,如果是地处河堤缺口、危房等风险地带的人群,更应快速撤离现场,迅速转移到高坡地或高层建筑物的楼顶上。此时不要斤斤计较于家中财物,更不能只顾家产而忘记生命安全。不过,有条件的话,可将不便携带的物品照相,进行防水处理,然后埋入地下或放在高处,轻便的钱财可以贴身携带,若还有时间,可以在离开住处时,把房门窗户关好,那么就算洪水退去后,家中的财产也不会随波漂流掉。在城市中,避难所通常选在距家最近、地势较高、交通较为方便的地方,最好还有上下水设施,有较好的卫生条件,能与外界保持良好的通信联系。若在农村,则可选择河堤或高地作为避难处,也可以爬到高大的树上等候救护人员营救。

2. 物资,生存的前提

在洪水来临前,作好必要的物资准备,是成功避险的前提。那么,所要准备的物资有哪些呢?你不妨参照一下。

一台无线电收音机,以便随时随地收听、了解各种相关信息。

大量的饮用水、罐装果汁和保质期长的食品,为防发霉变质,须捆扎密封。如果携带方便,最好预备一些高热量食品,如巧克力、饼干等,有条件的话,还可喝些热饮料,以增强体力。

保暖的衣物及药品,以防发生感冒、痢疾、皮肤感染等疾病

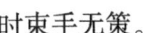

时束手无策。

手电筒、蜡烛、打火机等,以便照明取火。

旗帜、颜色鲜艳的衣物等,以便遭遇不测时作为求救信号,利于营救人员搜寻。

移动电话、口哨等,便于通信与呼救。

加满油的汽车,以保证随时可以开动。

3. 防水墙,住宅的"防卫兵"

洪水与暴雨之后的激流不同,它的流动比较缓慢,所以,在发生洪水时,一般都有充分的警戒时间。对于可能发生的汛情,首先要做的是在门槛外垒一道防水墙,如果预料到洪水的涨幅会很大,那么还应在底层的窗槛外垒加防水墙。沙袋是垒叠防水墙的最好材料,其制作也比较方便,将沙子、碎石、泥土、煤渣等装入麻袋、塑料编织袋或米袋、面袋里面即可。在沙袋垒起来后,在门窗的缝隙处塞堵旧地毯、旧毛毯、旧棉絮之类的东西,这样,一道防水墙就如同"防卫兵"一样守护着住宅,以免遭受洪水的侵害。

三、防范水灾伤害的方法

我们都知道,水灾多发原因主要是因为多日连降暴雨排疏不畅,或因洪水暴发、河水泛滥等。那么,我们可以从下列方面来防范水灾伤害。

关注自然灾害及可能造成灾害的各种自然现象,如发现各种异常的前兆现象或防灾设施的缺欠,应及时向有关部门和相关单位报告,强化防灾意识。

当收到有关自然灾害的警报时,要及时注意并收集灾害情报,还要确认情报的可靠性,然后采取必要的防范措施。

加强和完善生活环境中的防灾措施,把可能造成的损失降到最低。例如,洪水浸入屋内之前,储备医疗用品、饮用水和食物，转移贵重物品，筹划应急措施等。很多微小的事物在灾害中都能起到非常重要的作用。

事前应做好避难防灾的各项准备工作，如准备必要的衣物、饮用水、食品等，收集可用于求救信号的物品，等待避难命令等。当发现危险迫近时可以避免陷于被动，造成不必要的人员伤亡和财产损失。

作好救援和等待被救援的准备。遇到意外灾害来不及避难时应采取及时自救和求救措施，被洪水围困时可以先攀上较高位置，如屋顶、树上采取紧急避难，水位持续上升时扎制救生木筏，发出求救信号，等待救援。同时，也应当在有能力时积极援救周围的遇难者。

还有很重要的一点需要提醒：遇到水灾，最重要的是选择安全可行的避难路线逃生。避免在途中遇到洪水的袭击和意外事故。

四、洪水来临前应采取的安全措施

服从当地政府或有关救灾部门的统一安排，做好防汛的安全准备工作，或提前带好相关物资转移到安全地带。

接到洪灾警报时，立即组织行动，落实各种防范措施，排除隐患。

提前疏通附近的排水沟，在人群聚集区的周围修筑围堰、拦洪坝等防水设施。

妥善安排，保管好家中贵重财物，并做好防水措施。

离开住所时，切断水源、电源、气源，锁好房门。

五、汛期防洪工程需要做哪些检查

我国是洪水灾害发生频繁的国家之一，每年政府相关部门都要准备大量的人力、物力和财力来应对防洪抗险。汛期来到时，

第二章 洪涝的防范

无论是各级部门各级领导,还是日夜坚守在防汛一线的人员都处于随时备战的状态。防洪抢险物资(如石料、土料、麻袋、木料、水泥、钢筋、炸药、交通运输工具车辆和抢险设备物资等)、资金及人都不得因任何事、任何人而挪用。

防洪工程的建设往往会受到自然因素的作用和人为活动的影响,如对于工程中存在的缺陷,没有及时发现或者处理,当险情发生时就会措手不及,造成严重的损失,所以,要经常巡视和观测,如发现问题就要及时处理。

经常性检查防浪墙、堤顶路面、坝坡有无开裂、堤体上游护砌以及下游排水体排水是否畅通。

检查堤防是否发生塌坑。检查浆砌石护坡有无裂缝、下沉、折断或垫层掏空,干砌石护坡有无翻起、松动、垫层流失、架空和草坡护坡及土坡有无坍陷、冲沟、裂缝、雨淋坑等现象。

大风期间要多加注意观察波浪对堤面的影响,块石护坡有无破坏。

检查堤下老河槽、台地及堤防下游坡等,注意有无阴湿、渗水等现象。

检查堤身有无隐患,如兽洞、蚁穴等。

六、易受水灾侵害的居民日常防范措施

水灾多发生在沿海、河流以及低洼地带。此类地区的居民,经常会遇到风暴或大雨,必须格外警惕小心。因为气候等原因洪涝灾害的发生具有不可避免性,不能抱有侥幸心理。做好充足的预防准备才能有效地减免灾害造成的损失。大部分地区都有水灾报警系统,发现自然灾害前兆,首先应该立即报警。

多学习一些关于自然灾害的防灾、减灾知识,汛期时候多加关注天气状况,及时了解天气变化,家庭做好各种防护措施和必要物品的配置,以备不时之需。

经常留意汛期时候的洪水情报，积极配合防汛指挥部门的统一部署，及时做好灾前准备和迅速避难。

地处洼地的居民更要多加防范，事先备好沙袋、挡水板等物品，或砌好防水门槛，阻止洪水进入室内，保护好室内财产安全。

有条件的，家中可以备好船只、木阀、救生衣等，并定期检查是否可以随时使用。

第三节　洪涝灾害的自救与互救

一、水灾的自救逃生常识

案例：2008年5月29日南方暴雨，48人死亡，25人失踪。

2008年5月，在我国南方部分地区发生的大范围强降水，造成贵州、江西、湖南、广西等省区48人死亡，25人失踪。其中，贵州省7个县市遭受洪涝风暴灾害袭击，暴雨引发洪水和山崩，摧毁了房屋、公路、田地，电力供给、电信系统也被迫中断，水灾造成18人死亡，12人失踪，166人受伤，4 600多人被迫紧急转移安置。

通过以上数字，我们可以看看水灾危害的严重性。所以，平时做好各项防灾措施，多了解一些防范水灾的办法，丰富自身的防灾经验很有必要。

民众普遍缺乏避灾自救常识，会造成不必要的人员伤亡和经济损失。南方地区降水频繁，水灾成为南方地区需要首要面临的自然灾害。因此，水灾的自救逃生知识就显得更加重要了。

洪水突至，我们要选择什么样的避灾场所最安全？被洪水围困时，我们该怎样采取行之有效的办法，以免被洪水冲走？水灾过后，我们又当如何应对灾后疫情？每一个细小的问题都会关系

第二章 洪涝的防范

到我们生死存亡的大问题，我们当然要为自己的生命有所考虑。多了解一些避灾自救的常识，关键时刻可以救你一命。

1. 关注天气预报，提高警惕

水灾通常较易发生在江河湖溪的沿岸和低洼地区，水灾的破坏力主要是山洪暴发和江河湖海泛滥形成。山洪多发生在山区或丘陵地区，江河泛滥则多发生在河海江湖沿岸及低洼地带，在这些多发地带的居住地民众，需要特别注意每年的汛期规律及暴雨周期，关注当地的水情预报和天气预报，提高警惕，安全预防很重要。

2. 当洪水来临时的防范措施

灾害前根据经验或灾害前兆应做充分的预测估计，并取得相关的气象状况的支持，在水灾到来之前做好预防工作，及时转移人、畜、财物到安全地带。疏散转移时，尤其要照顾好老弱妇孺及病人。

水情预报情况较紧急时，及时迅速地准备好必要的食品、饮用水与保暖衣物，需要疏散或转移时，不致慌乱。

疏散和转移之前，一定要记住关好水闸，切断电源，不方便带走的贵重物品做好防水措施，捆扎妥当，放在不易被洪水侵蚀的安全地方。出发之前把门的缝隙堵塞好，门槛外侧填充沙包或旧毛毯等吸水之物，防止洪水漫入。关好门窗，防止室内财物顺水流走。

在危险地带如地处河堤缺口及危房处的人群必须马上撤离现场，迅速转移到高坡地带或高层建筑物的楼顶上等安全场地等待救援。

洪水突至，如果来不及安全转移时，一个很重要的原则：人往高处走。就是说一定要往高处的方向逃生。收集身边一切可以利用的漂浮物。不到万不得已，绝对不可贸然下水。

应急逃生措施：一定要向高处转移。如爬上楼顶、大树或就近的较高山头，发出求救信号，等待救援。

二、居家遇到水灾如何自我防护

洪水发生时，如果您在家中，首先要冷静。

马上关闭煤气总阀和电源总开关，以免发生煤气泄漏或电线浸水导电等状况。

如衣被等御寒物如果不能随身携带，就放在高处保存；将不便携带的贵重物品做防水处理后埋入地下，做好记号以便找寻，不能埋藏的就放置可以存放的最高处；票款、首饰等财物可以缝在随身衣物中，以备不时之需。

房屋的门槛、窗户的缝隙是最先进水的地方。用袋子装满沙石、泥土做成沙袋、土袋，在门槛和窗处筑起第一道防线。沙袋可以自制，以长30cm、宽15cm大小为适宜，也可以用塑料袋或者简易布袋塞满沙子、碎石或泥土等，功用相同于沙袋。如临时找不到以上材料，就用旧毛毯或地毯、废旧毛巾等吸水之物，便于塞住缝隙。

把所有的门窗缝隙用胶带纸封严，最好多封几层。

一定不要忘记老鼠洞穴、排水洞这些容易进水的地方，都要堵死。做好各项密闭工作的建筑物会很有效地防止洪水的浸入。

如果预计洪水水位会涨很高，那么底层窗槛外以及任何有缝隙可能浸入洪水的地方都要堆积沙袋。出门时尽量把房门关好，以免财物被水冲走。

假如洪水不断上涨，在短时间内不会消退，一定要及时储备一些饮用淡水、方便食物、保暖衣物和烧开水的用具。如果没有轻便的炊具或不方便使用炊具，要多准备方便食用免加工的食物，还要准备火柴和充气打火机，必要时用来取火。最好多准备高热量食品，如巧克力、甜糕饼等，还有碳酸饮料、热果汁饮料等，高热量食品能高效增强体力。

第二章 洪涝的防范

洪水到来时难以找到适合的饮用水，所以，在洪水来之前可用木盆、水桶等盛水工具储备干净的饮用水。最好是一些有盖子的可以密闭保存的瓶子，水桶之类，防止水源污染。

如果洪水迅速猛涨，你可能不得不躲到屋顶或爬到树上。这时你要收集一切可用来发求救信号的物品，如哨子、镜子、手电筒、鲜艳的衣物、围巾或床单、旗帜、可以焚烧的破布等。除此之外，手电筒和火光可以在夜晚及时发出求救信号，以争取及早被营救。

如果水灾严重，你已经被迫上了屋顶，可以架起一个防护棚。或者就近选择粗壮的大树或离家最近的小山丘躲避水灾，如果屋顶是倾斜的，就用绳子或床单撕成条状把自己系在烟囱或其他坚固的物体上，以防止从屋顶滑落。在树上时候，就要把身体和树木强壮的枝干等固定物相连，防止从高处滑落，掉入洪水急流被卷走。

如水位已经有淹没屋顶的危险了，就要开始准备自制小木筏了，家里任何入水能浮起的东西，如木桶、气床、箱子、木梁、甚至衣柜，全都可以用来制作木筏。没有绳子的话，就用床单撕成条状捆扎物体。做好后一定要先试试木筏是不是能够漂浮并承载相应的重量，此外，能做桨用的东西也是必不可少的。发信号的用具无论何时都要随身携带。

请注意，不到迫不得已不要乘木筏逃生，因为此举非常危险，尤其是水性不好的人，一旦遇上汹涌洪水，很容易翻船。除非大水已经有了可以冲垮建筑物的可能，或水面将要没过屋顶，否则，待着别动，因为洪水也许很快会停止上涨，最好还是就地等待救援更加安全。即使游泳技术好，也不要轻易下水，防止暗流旋涡和漂浮物冲击。

三、洪水灾害中选择哪些物品可以逃生

体积较大的中空容器，如油桶、储水桶等，迅速倒空原有液体后，重新将盖盖紧、封好。这是很好的、能增加人体浮力的东西。密封性差的容器会给你的逃生带来麻烦。

空饮料瓶、木酒桶或塑料桶，如果单个的漂浮力较小，可以捆扎在一起增加浮力来应急。

足球、排球、篮球等运动器材的浮力都很好。

木质的桌椅板凳、箱柜等也都有一定的漂浮力。

四、自制漂浮筏逃生自救

自制木筏一定要采取正确的捆绑方法，捆扎结实才可能经得起风浪。

可收集木盆、木块或有浮力的木制家具并用绳子捆好，加工成可以承载重量的安全逃生用具。

找不到现成的结实绳子，可以把床单、窗帘等撕成条状。地瓜蔓和藤条也是不错的做绳子材料。

泡沫板、木板一类面积、浮力较小的漂浮筏，可以多找一些，捆扎在一起，这样可以增加漂浮力。

也可以收集大量的秸秆、竹竿、树枝、木棍等可以细密的编联起来，制成可以逃生用的排筏，见下图。

五、洪水逃生方案

电视上曾经播放过这样一个事例：在一个小院中，一位双肢瘫痪的老人和4个10岁左右的孩子被洪水围困，水位不断上涨。小院像一个孤岛孤立无援。这时水已经涨到了孩子的膝盖位置。为了到更加安全的地方去，4个孩子决定把老人移到院中的最高点葡萄架上去。但是老人双肢瘫痪，行动不便，于是4个孩子中

第二章 洪涝的防范

图　洪水逃生

的两个先爬上去,从上面拉拽,两个孩子在下面推举。用了很大气力,终于将老人安全的拖到了葡萄架上,就这样,4个孩子运用自己的机智赢得了更多的求生机会和生存时间,最后,救援人员赶到,老人和孩子全部获救。

4个孩子依靠自己的力量,采取了最适宜地逃生方法,救了自己和老人。在洪水中逃生,一定要因地制宜地采取积极的自救措施。

避灾专家提醒:已经被洪水包围时,要设法尽快与当地政府防汛部门或其他救援部门取得联系,准确报告自己的方位和险情,积极寻求救援。一定不要擅自游泳逃生,绝对不可攀爬带电的电线杆、铁塔和泥坯房的屋顶等。

六、洪水来临时的注意事项

受到洪水威胁时,如果时间来得及,要准备一切应急物品,按照预定路线,有组织有计划地向山坡、高地等处转移;在措手不及,而且已经被洪水包围的情况下,要尽可能地利用逃生船只做水上转移,如果没有船只,就采用最方便取用的木排、门板、木床、密封水桶、木桶等有浮力的漂浮物等帮助逃生转移。洪水来得太快,甚至来不及转移时,要立即爬上屋顶、楼顶平台处、大树高处、高墙等地,做暂时避险,并原地等待救援。

游泳技术再好,也不要单身游水转移。在山区,如果遇到连降暴雨的天气,最易暴发山洪灾害。遇到这种情况,更要避免涉水过河,防止被山洪急流冲走。山区的民众还要注意防范山体滑坡、滚石、泥石流的危害。

注意观察,如果发现高压线铁塔倾倒、电线低垂或折断,千万不可接近或触摸,要尽快远离危险地方,防止直接触电或因地面"跨步电压"触电。

地处河堤缺口、危房等危险地带的人群要尽快撤离灾害现场,迅速转移到高坡地带或高层建筑物的楼顶上。

为了保存财产,在离开住处时,尽量把房门关好,这样等洪水退后,财物损失可以减到最小,防止洪水冲走家具等财物随水漂流掉。但是千万不可留恋家中财物,舍不得转移,或多带对自身安全没用的财物,而不顾及自身的生命安全。

洪水过后,要及时服用预防流行病的药物,做必要的卫生防疫工作,避免传染病的发生和流行。

七、灾害中、城市里应该避免的危险地带

城市情况复杂,洪水暴发后危机四伏。最有效的安全措施是原地不动等待水退。但是,前提是要远离城市中的以下地带。

危房里面或危房四周,防止出现高物砸落、危墙坍塌或电线浸水失火或漏电;

任何危墙及高墙周围，防止遭受洪水冲击后的泥土发生坍塌或砖瓦砸落；

窨井及马路两边的下水井口；

洪水淹没的下水道；

电线杆及高压电塔周围；

化工厂及储藏危险品的仓库。

八、农村中洪灾发生时应该远离的危险地带

农村地形开阔，洪水容易长驱直入，房屋也易倒塌，水灾中民众更易受到侵害。最安全的避灾地点是山地和坚固的建筑。应该避免的常见危险地带如下。

行洪区（指主河槽与两岸主要堤防之间的洼地）、围垦区；

水库、河床及渠道（常指水渠、沟渠，是水流的通道）、涵洞（在水渠通过公路的地方，为了不妨碍交通，修筑于路面下的过路涵洞）；

危房中、危房四周；

电线杆、高压电塔附近。

九、溺水时的救护

溺水主要是人体浸没在水中时，气管内吸入大量水分阻碍呼吸，或因喉头强烈痉挛，引起呼吸道关闭、窒息而死亡。溺水者也会因为有大量的水、泥沙、杂物经口、鼻灌入肺内，引起呼吸道阻塞、大脑缺氧导致昏迷甚至死亡。

溺水后最常见的症状：溺水者面部青紫、肿胀，双眼充血，瞳孔散大，口腔、鼻孔和气管充满血性泡沫、泥沙或藻类，手足掌皮肤皱缩苍白，肢体冰冷，脉细弱，甚至抽搐或呼吸心跳停止。

溺水导致死亡很快，常常在 4~6 分钟内。因此，对溺水者

的抢救，必须迅速而及时。不习水性而落水者，不必慌乱，可以迅速采取自救：除呼救外，头使劲向后仰，下巴往外探出，尽量使口鼻露出水面，避免呛水，这时人会本能地将手上举或挣扎，但这只会加速身体下沉的速度，所以，一定要保持冷静，避免因挣扎造成更大的伤害。

会游泳的人如果因为刚入水中出现肌肉抽筋或因长时间在水中运动而发生肌肉疲劳，也可以采取上述自救办法。救护者要镇静，尽量脱去外衣、鞋或靴等。游到溺水者附近时，要看准位置，为避免被溺水者因为本能的紧抱缠身，要从其后方出手救援，最好是用左手从其左臂或身体中间握其右手，或拖住头部，然后仰游回到岸边。来得及的话，可以带救生圈、救生衣或塑料泡沫板等。

溺水者出水后，首先清理口鼻内污泥、痰涕，将舌拉出，保持呼吸道通畅，然后进行控水处理。方法：施救者单腿屈膝，让溺水者成俯卧的姿势，腰腹垫高，头向下，轻敲背部帮助排出肺和胃里的积水。检查其呼吸、心跳，如果停止，应该马上进行人工呼吸和胸外心脏按压，如口对口人工呼吸、气管插管、吸氧等。做好紧急抢救后马上送医院继续观察治疗。

注意事项。

抢救溺水者时，不要因为控水而花费太多的时间，重要的是检查其心跳，呼吸，并立即对其进行人工呼吸和胸外心脏按压；溺水者溺水后很容易并发肺水肿或肺部感染，做好紧急抢救后马上送医院继续做进一步的观察治疗。

刚一入水，如果发生小腿抽筋现象，必须赶紧上岸，坐下，把腿伸直，用手向后拉伸拇指，拍打按摩小腿肌肉。如果不能马上上岸，保持冷静，屏住气，在水中尽量完成上述动作，以缓解小腿抽筋症状。

救护溺水者时必须用救生圈、救生衣或木板等，借助工具施

第二章 洪涝的防范

救。防止溺水者落水后,慌乱挣扎,会本能的紧抱施救者,影响救助。专职救生员有更多这方面的经验,而其他即使游泳技术很好的人,进行施救行为时也一定要小心,尽量不要徒手接近溺水者或者在溺水者正前方抱住溺水者进行施救。

溺水者上岸后,必须立即检查其呼吸、心跳。要保持溺水者呼吸道的畅通。如果发现呼吸有停止现象,必须马上对其进行人工呼吸和胸外心脏按压。

如果溺水者胃腹部灌了很多水,在溺水者意识还清醒时,就用膝盖抵住其背部,一手托住上腹部,助其弯腰控水,或施救者单腿跪地,让溺水者脸朝下趴在膝盖上吐出污水。

十、洪水来临时的自救与互救

如果洪水来势凶猛,势如破竹,已经来不及准备相应的避险工作和避险物资,甚至已来不及按安全的路线撤离时,那么,我们首先应该冷静地快速观察周围的情况而制定相应的避险措施。

尽可能往高的地方躲避。高楼、山坡、土丘、避洪台等地,相对比一般地方要高,如果洪水将近脚下,难以躲避,应该奔往就近相对高的地方躲避。或爬上屋顶、墙头,或攀上附近的大树,就地等待救援,不过,对于水一泡就有坍塌危险的土墙或泥缝砖墙房屋,则只能作为暂时的避难处,一旦有机会,就应想方设法迁往别处。假若水位已上涨到屋顶,那么,也应该尽可能利用身边的东西架起一个防护棚,用以保暖。倘若屋顶是倾斜的,就得注意让自己固定在坚固的物体上,以免被洪水冲走。除非建筑物将被洪水冲垮,或屋顶已被淹没而被迫撤离,否则,都应该留守原地等待洪水退去和救援。

如有可能,可以驾车躲避。在驾车躲避时,要注意遵从警示牌的指示,同时,也要注意避让障碍物。但是,如果已经没有油料或洪水已经漫过车身，则应及时撤出，不要滞留车内。

就地取材，巧妙运用。将身边任何可以漂浮的东西，如气垫船、救生衣、木盆、塑料盆等作为救生工具，或将床、木梁、箱子、圆木、衣柜等用绳子或床单等物捆扎作成简易的木筏，随其漂流，以减少洪水的冲击，不过，制作这些得在平时积累经验，且不到万不得已的时候，最好不要用这种方法。假如已经被卷入洪水之中，也要尽力抓住牢固的，或浮力大的物体，以免在水中受伤。没有落水的人要迅速将能运用的漂浮器具扔在落水者附近对其进行救助。熟悉水性的人，也应该想方设法救助年老体弱和不会游泳的人，不要只顾自己。

镇定且理性的求助。在被洪水包围后，不要惊恐畏缩，应该及时利用身边的通信工具同防汛部门取得联系，并清楚地告知被困位置，被困状况，以增加救援成功率。

十一、洪水来临时、来临后的禁忌

切忌惊慌失措、大喊大叫；

切忌游泳逃生；

切忌接近或攀爬电线杆、高压线铁塔，以免触电；

切忌爬到泥坯房房顶；

切忌喝洪水，以免被某些疾病传染；

洪水退去以后，切忌徒步越过水流很快、水深过膝的小溪；

洪水退去以后，切忌乱服预防药物，应听从医生建议，并及时积极地配合当地卫生防疫部门的要求，搞好自己和周围的环境卫生，以预防传染病及防止蚊蝇滋生。

第三章 泥石流的防范

第一节 泥石流的危害和特点

一、泥石流危害的表现

泥石流的特点是暴发突然、来势凶猛，非常迅速并具有崩塌、洪水破坏的双重作用，其危害程度比单一的崩塌、洪水更为广泛和严重。泥石流密度高，流速快（可达每秒数十米），可携带巨大的石块，因此，在重力作用下，巨大的势能变成强大的动能，造成极大的破坏力。

泥石流的特点决定了泥石流的危害方式主要有2种：冲刷和淤埋。它对人类的危害具体表现在以下几个方面。

1. 对居民点的危害

泥石流是最常见的自然危害之一，暴发时常常会冲进城镇、乡村、工厂，摧毁房屋、企事业单位及其他场所设施，毁坏土地，淹没人畜，有时甚至会造成村毁人亡的灾难。1969年8月，云南省大盈江流域弄璋区南拱泥石流，毁坏了老章金、新章金2个村，共有97人丧生，造成经济损失近百万元。2001年7月29日晚，中度台风"桃芝"从中国台湾地区东部登陆后，连日的狂风暴雨致使花莲、南投等中国台湾地区东、中部县（市）遭受严重的山洪、泥石流灾害，土石横流，堤坝溃决，民宅及农田被冲毁。这次灾害导致台湾地区共有91人死亡，133人失踪，

189人受伤,造成的农业损失超过60亿元新台币。花莲县光复乡大兴村惨遭灭村之灾,整个村子都被土石掩埋,村内看不到一间像样的房舍,一杨姓家族共有10人全部被这次灾难夺去了生命(图3-1)。

图3-1 中国台湾地区花莲中山泥石流

2. 对铁路、公路的危害

泥石流可直接埋没车站、公路、铁路,摧毁桥涵、路基等设施,致使交通中断,还可以引起正在运行的汽车、火车颠覆,造成重大的人身伤亡事故。有时泥石流汇入河道,引起河道大幅度变迁,间接毁坏铁路、公路及其他构筑物,甚至迫使道路改线,造成巨大的经济损失。中华人民共和国成立以来,泥石流给国内公路和铁路等交通设施造成了不可估量的损失。

3. 对水电、水利工程的危害

这类危害主要是冲毁引水渠道、水电站及过沟建筑物,淤埋水电站尾水渠,并磨蚀坝面、淤积水库等。

第三章 泥石流的防范

4. 对矿山的危害

这类危害主要是摧毁矿山及其设施,伤害矿山人员,淤埋矿山坑道,造成矿山停产,甚至使矿山报废。

我国西部山区的大部分矿山存在着不同程度的泥石流威胁或危害。经常发生淤埋矿区、毁坏矿井的现象,导致某些矿产开采比较困难,浪费或破坏了大量的矿产资源。贵州省的六盘水煤矿、四川省的攀枝花铁矿、云南省的东川铜矿和新建的神府—东胜煤田均有大量的泥石流活动,严重威胁或危害着矿产的开采和矿区的安全。

5. 泥石流对农田的危害

泥石流活动过程中,因支沟泥石流的活动,使泥石流沟中上游的土地遭到严重破坏,耕地成为侵蚀劣地。泥石流是造成土地侵蚀荒漠化的主要营力之一,下游和土地(包括耕地)遭到泥石流淤埋,成为沙砾滩。

6. 泥石流对江河的危害

黄河、长江日益突出的江河泥沙灾害与泥石流活动密切相关。长江三峡以上的泥沙,特别是粗颗粒泥沙,主要起源于流域内的6 800条泥石流沟。无论是嘉陵江、金沙江还是岷江,很大一部分泥沙来自泥石流活动区,这些江河经过泥石流活动区后,含沙量通常急骤增加。黄河的泥沙主要来自黄土高原,黄土高原的陕北、晋西、陇西和陇东4个泥石流活动区,正是黄河泥沙的主要供给区。因此,近年来,日益明显的"小水大灾"在珠江、长江、淮河均有发生。即洪峰流量相对较小,但洪水水位很高,洪水灾害严重。导致这种情况的原因很多,但主要原因:一种情况是江道淤积;另一种情况是"枯水流量锐减,甚至断流"。近年来,黄河经常出现这种现象,西部山区许多中小型河流,这种现象也比较明显。当然其因素也很多,但主要是河床淤积展宽,流域生态环境恶化造成的。因此,泥石流的危害,通过其输入江河的泥沙，伸展到平原地区，对平原区的可持续发展也造成一定的影响。

7. 泥石流对环境的影响

泥石流对山区的村寨、城镇、交通、农田、工矿等造成严重危害，不但使人类的生存和发展环境受到直接影响，而且还影响到矿产、土地、森林和淡水等资源的保护和利用。同时，泥石流把大量泥沙输入江河，加剧了江河的泥沙灾害，把泥石流危害延伸到平原。因此，对于泥石流的危害，不仅要调查与研究直接受害对象，而且要高度重视其对周围环境产生的消极影响。泥石流灾害越是严重的地区，这里的地质环境、自然环境和生态环境也越是恶劣。例如，云南省小江流域，在300年以前，这里是森林葱郁、山清水秀的好地方，但经过几个时代，自然环境遭到了开矿、伐薪炼铜、开垦荒地等的破坏，再加上松动薄弱的地质岩性条件，泥石流开始发生，到现在已发展成我国甚至世界上自然环境、地质环境和生态环境最恶劣的地区。

二、暴雨引发的山洪和泥石流

如果河流是常年流水的话，那么暴雨引起的就是一种暂时的或季节性的地面流水。不管在气候干旱（年降水量300~600mm）的北方，还是多雨的南方（年降水量可达2 000~3 000mm），都有这样的现象，7—9月集中了70%~80%的降水量。在南方的许多地区，干季和雨季的划分就是由这种降水方式决定的。

一旦暴雨发生，山间的各种低地都会成为集水区，山洪也由此迅速汇集。山洪流速快、水量大，常裹带大量石块和泥沙，一旦暴发，就会带来冲垮公路、铁路、桥，毁坏村庄建筑等灾难性结果。当其流到山涧出口处或冲沟时，地势突然开阔平坦，水流速度很快降低并在沟口外水流四向分散，其携带的石块泥沙堆积下来，称为洪积物。根据洪积物的形状可以分为洪积锥和洪积

第三章 泥石流的防范

扇。洪积锥是指洪积物呈上尖下圆的锥形。如果锥面的坡度比较缓，就称洪积扇，自扇根到扇缘，沉积物自粗大的石块变为亚黏土和粉砂。若干个相邻的洪积扇扩大相连成为围绕山脚的洪积裙，进一步发展，就会成为微向山外倾斜的洪积平原。

泥石流在某些方面与山洪相似，如其成因、流经的 3 个区段等。不同的是泥石流中石块等固体物质的体积含量大于 15%，因而多见于南方。泥石流的前峰是一股高密度的浓浊洪流，其中，泥沙、石块等的含量高达 60%~80%，形成高达几米甚至十几米的"龙头"倾泻而下。泥石流的能量很大，甚至可以轻易带走直径大于 2m 的石块（重数吨至十几吨），小一点的石块也在泥石流内连翻带滚。泥石流中石块不仅互相撞击，而且它们对沟底和两侧的岩石也不断地进行撞击，发出巨大的轰鸣，犹如万马奔腾，方圆数千米内均可闻及。如果泥石流暴发时你站在高坡上，就能很容易地体会到什么叫"惊心动魄""惊天地泣鬼神"。雷鸣电闪，头上是乌云翻滚，大雨滂沱；脚下是黑浪滚滚，龙腾蛟跃，泥石流呼啸而过，好一番可怕的景象（图 3-2）。

泥石流暴发突然，历时短暂，几十分钟里可以搬运几十万甚至数百万立方米的固体物质，成百上千吨巨石也被包括其中。其危害性和破坏性比山洪更严重，可以吞噬掉它前进路上遇到的任何东西，真可谓"逆我者亡"了。泥石流通过狭窄的沟谷后堆积下来，被称为泥石流扇，但分选性和泥石流本身比更差，大小混杂，石块叠置的形态也比较奇特。

近 40 年里，由于砍伐森林和烧山开荒等不恰当活动，导致植被破坏，水土流失严重，山洪和泥石流已经到了不可等闲视之的地步了。真希望黄土高坡上的人们提出的"土不下坡，泥不出沟"的口号早日成为现实。

图3-2 甘肃省舟曲县泥石流

三、关于泥石流的几个常识

1. 泥石流的预兆

在山区，连续强降水会导致山体松动。土壤被暴雨浸泡后，会变得松软，当土壤饱和度达到临界点时，泥石流就会发生。

连续性强降水期间，如果附近再发生轻微的小地震，就有可能引发泥石流。

河流水势突然加大或突然断流，并夹杂着较多树枝、杂草；

沟内或深谷传来类似闷雷或火车轰鸣般的声音；

沟谷深处忽然变得昏暗，并伴随着轻微的震动感。

峡谷地区和地震火山多发区是泥石流的多发区，在暴雨期具有群发性。作为山区最严重的自然灾害，泥石流一般瞬间暴发，我国不少山区常有泥石流发生。

2. 泥石流易发生在哪些季节

我国泥石流的暴发主要因连续降水、暴雨和特大暴雨等集中降水而诱发。其发生时间与集中降水时间相一致，季节性十分明显。

西南地区，如云南、四川等省的降水多集中在6—9月，泥石流也大多发生在6—9月。

西北地区，降水多集中在6—8月，特别是7—8月，泥石流也多数发生在7—8月。在泥石流易发季节，防灾减灾工作就变得非常重要。

3. 泥石流灾害多发区建房有哪些要求

在泥石流灾害多的地区，不要将房屋建在沟口、沟道上，安全的居住环境才是降低泥石流灾害的最好办法。

泥石流多发区的居民，要将占据沟道的房屋搬迁到安全地带。

应在沟道两侧大面积植树并修筑防护堤，防止泥石流溢出沟道造成危害。

4. 泥石流多发区为何应保持冲沟通畅

在雨季到来之前，泥石流多发区应做好清除沟道中障碍物，保持冲沟通畅的工作。居民要千万记住，不要把冲沟当成堆放垃圾的地方。

若在冲沟中堆放垃圾、弃土、堆石，会为泥石流提供固体资源，加强泥石流的活动。垃圾堆积成坝后，泥石流会溢向两岸，造成巨大的经济损失和人员伤亡。

5. 诱发泥石流的因素

（1）水源是诱发泥石流的重要因素。什么样的水源和地形是诱发泥石流的重要因素呢？强烈而且频繁的地震，导致岩体破碎、山体失去稳定性；地质因素表现为巨大的构造断裂带，复杂的老构造，新、老构造大幅度的差异运动；固体物质松散，而且储量大；暴雨地带的气候特点为泥石流提供了充足的水源；高山冰川的消融与积累给强烈雪崩、冰崩提供了水源和动力。

（2）人类不合理的经济活动是诱发泥石流因素之一。随着工农业生产的发展，人类开发利用自然资源的程度和规模也在不断发展。如果人类的经济活动违背了大自然的规律，必然会得到大自然相应的报复。人类不合理的开发会造成一些泥石流灾害的发生。近年来，人为因素诱发的泥石流数量呈不断增加的趋势。可能诱发泥石流的人类工程经济活动主要有以下3个方面。

①不合理的弃土、弃渣、采石：由此形成的泥石流的事例很多，如四川省冕宁县泸沽铁矿汉罗沟，由于弃土、矿渣的不合理堆放，1972年1场大雨暴发了矿山泥石流，冲出约10万m^3的松散固体物质，淤埋成昆铁路300m和喜（德）—西（昌）公路250m，行车被迫中断，给交通运输造成的损失非常严重。

②不合理开挖：修建公路、铁路、水渠以及其他工程建筑的不合理开挖。在修建公路、水渠、铁路以及其他建筑活动的过程中，由于破坏了山坡表面而形成泥石流。如云南省东川至昆明公路的老千沟，因修水渠及公路，使山体破坏，加之1966年犀牛山地震又形成滑坡、崩塌，致使泥石流更加严重。又如香港多年来修建了许多大型工程和地面建筑，为了获得合适的建筑场地，几乎每个工程都要劈山填海或填方。1972年1次暴雨，引发了泥石流，造成120人死于正在施工的挖掘工程现场。

③滥伐乱垦：乱垦滥伐会使植被消失，山坡失去保护、冲沟发育、土体疏松，水体流失大大加重，同时，也破坏了山坡的稳定性，造成崩塌、滑坡等不良地质现象的发育，泥石流也就由此产生。如甘川公路石扭子沟山上大耳头，原是森林区，因毁林开荒，1976年发生泥石流毁坏了下游公路、村庄，造成人民生命财产的严重损失，形成"山上开亩荒，山下冲个光"的荒凉景象。

四、泥石流活动规律

泥石流活动总体上具有一定周期性，并且活动周期长短依自然条件不同而不同。例如，北京市山区平均约 5 年发生 1 次泥石流；云南省小江流域每年都出现泥石流。

泥石流具有群发性。由于暴雨具有一定的空间分布，因此，1 次暴雨就可造成数十甚至上百条沟出现泥石流。在群发特点的作用下，泥石流容易造成大面积灾害，损失非常严重。鉴于泥石流暴发时具有历时短、成灾快、突发性极强的特点，由此造成的危害性也就极大，是最严重的灾害种类之一。泥石流预测与预防难度较大，特别是泥石流低频地区，人们难以掌握其活动规律，对其进行预报就比较困难，因此，对其的预防与治理也就未引起重视。

泥石流主要危害村庄、城镇，阻碍与破坏通讯和交通，危害农田林地与各种水利工程，对经济建设和人民生命财产危害极大。

五、泥石流发生过程中的特有现象

泥石流不同于一般洪水，它是水与泥沙石块相混合的流动体，由于含有大量固体碎屑物，其运动过程产生巨大动能，并且常有一些特有的现象。

1. 巨大的轰鸣声与短暂的断流现象

很多泥石流在开始暴发的时候，常常从沟内传出犹如火车轰鸣或者是响雷的声音，地面也随之轻微地震动，震动有时在响声之前，原在沟槽中流动的水体还会突然出现片刻的断流现象，泥石流伴随着响声的增大，似狼烟呼啸而来。所以，出现响声、断流等现象往往是泥石流发生的预告。

2. 强劲的冲刷、刨刮与侧蚀

在沟谷的中上游段泥石流具有强烈的铲刮沟道底床、冲刷的作用，常使沟床基底裸露，岸坡垮塌。另外，在中下游段对河岸阶地具有侧蚀掏刷作用，破坏岸边沿线的道路交通、水利工程、农田及建筑物。

3. 弯道超高与遇障爬高

泥石流运动时直进性很强，它不会顺沟谷平稳下泄，在河道拐弯处或遇到明显的阻挡物时，泥石流总是直接冲撞河岸凹侧或阻碍物。由于受阻，泥石流体被迫向上空抛起，可达几米甚至十几米的冲击高度。有时泥石流龙头可越过障碍物，越岸摧毁各种目标。例如，1991年6月10日北京市密云杨树沟泥石流就是在弯道处以20余m的冲击高度越过阻挡其前进的小土梁，将小土梁另一侧房屋摧毁。

4. 巨大的撞击、磨蚀现象

快速运动着的泥石流动能大、冲击力强，据研究测定，砾径1m的大石块以5m/秒的速度运动时，可达140t的冲击力。一些工程就在泥石流中的大量泥沙不断磨蚀工程设施表面的过程中，丧失其应有的作用而报废。

5. 严重的淤埋、堵塞现象

在沟内及沟口的宽缓地带，随着地形纵坡度减小，泥石流流速会骤然下降，大量泥沙石块停积下来，堆积堵塞一些现有目标，如河道、农田、道路、水库、建筑物等。一些大规模泥石流的冲出物质在河道堆堵可构成临时性的"小水库"，致使上游水位抬高。当这种堵坝溃决后，又会形成洪水泥石流。对下游造成再次危害。例如，我国四川省利子依达沟泥石流冲出山口，毁桥覆车后又在几分钟内将大渡河拦腰堵截，断流达4个小时之久，向上游回水5km，淹没工矿设施等（图3-3）。

6. 阵流现象

阵流现象主要发生在黏性泥石流中。从泥石流开始到泥石流结束，沿途多次出现泥石流洪峰（泥石流龙头），每次洪峰（龙头）出现的间隔时间长短不一。

减轻或避防泥石流的工程措施主要有以下几个方面。

图 3-3 泥石流阻断交通

①跨越工程：是指修建桥梁、涵洞。这种措施常用于铁道和公路交通部门用来保障交通安全。其方法是将建筑工程从泥石流沟的上方跨越通过，让泥石流在其下方排泄，用以避防泥石流。

②穿过工程：指修隧道、明硐或渡槽，这也是铁路和公路通过泥石流地区的又一主要工程形式。即从泥石流的下方通过，让泥石流从其上方排泄。

③防护工程：是指对泥石流集中的山区变迁型河流的沿河线路以及泥石流地区的路基、隧道和桥梁，或其他主要工程措施，建设一定的防护建筑物，来抵御或消除泥石流对主体建筑物的冲击、冲刷、淤埋和侧蚀等危害。防护工程主要有挡墙、护坡和顺坝等。

④排导工程：其作用是改善泥石流流势，使桥梁等建筑物的排泄能力增大，让泥石流按设计意图顺利排泄。排导工程包括急流槽、导流堤和束流堤等。

⑤拦挡工程：主要是拦挡泥石流的流量、下泄量，有效控制

泥石流的固体物质和暴雨、洪水的径流，以起到削减泥石流的能量，减少其对下游建筑工程的撞击、冲刷和淤埋等危害，保护建筑工程的作用。其中，拦挡措施有截洪工程、拦渣坝、支挡工程、储淤场等。

以上这些措施并不是单一使用的，往往采用多种措施结合的方法，以达到更好的效果。

第二节　泥石流灾害预防

灾害发生时，虽然要尽快逃离，但也要注意观测，不能盲目，而且要及时通知邻居，使更多的人免遭厄运。那么在发生泥石流灾害时，我们应如何避免泥石流造成的伤害呢？泥石流的暴发一般具有突发性，而且持续时间很短，几分钟就会结束，时间长的也就1~2个小时。由于泥石流的准确预测很不容易，容易造成较大伤亡，在没有作出预报的情况下，如何在遭遇泥石流后正确逃生就显得尤其重要。只有在遵循泥石流的形成、活动规律的基础上，掌握其发生过程中的特有现象才能采取正确的应急措施。

一、正确判断泥石流的发生

对泥石流现象的发生，除了根据当地降水情况来估测其可能性外，一些特有的现象也可以作为我们判断泥石流发生的标准，掌握了这些，才能采取快速、正确的自救方法。

例如，发现河（沟）床中本来正常流水流量增大，且夹有较多的柴草、树木，或者忽然断流，根据这些都可以确认河（沟）上游已形成泥石流。

假如听到来自深谷或沟内的类似火车轰鸣声或闷雷式的声音时，千万不要掉以轻心，因为即使是极微弱的声音，也足以认定上游泥石流正在形成。若沟谷深处变得昏暗，伴随着轰鸣声且有轻微的震动感，则说明沟谷上游已发生泥石流，要迅速离开危险地段。

二、减轻泥石流灾害的方法

减轻泥石流灾害的措施可分为两种：非应急性措施和应急性措施。

1. 非应急性的措施

（1）避让措施。在泥石流发育分布区，首先要查明泥石流沟谷及其危害状况，才能对工矿、村镇、公路、铁路、水库、桥梁进行选址，对旅游进行开发，尽量避开可能造成直接危害的区域和地段（如泥石流沟的中、上游段及沟口，河道弯道外侧，主支沟交汇地区的低平处，靠近河床的低缓阶地或坡脚处等）。若是实在无法避开，应修建防护工程或采取其他措施。

（2）生物措施。这是最应该提倡的方法，这种方法也是一种长期的有助于减缓泥石流形成的措施。前面我们提到生态环境好可以减少泥石流的发生，即使发生了也能达到减轻危害的目的，主要方法是退耕还林、封山育林、固结表土、保持水土。

（3）工程设施。以顺坝、挡墙、护坡、丁坝来取得防护、排导、拦挡及跨越等功效的工程建设，主要是为保护危害对象免遭破坏。例如，急流槽、排泄沟、渡槽和导流堤等工程的建设可以改善泥石流的流向与流速，修建的储淤场、拦沙坝、截流工程等是为了控制、拦截下泄物，削减泥石流的冲击能量。

（4）综合防治措施。所谓综合，是指用多种措施相结合的方法来对小流域的泥石流进行全面统一的治理，以达到灾害发生的有效预防和减少。

（5）开展泥石流的预测预报工作。这是需从时间、空间两方面同时入手的一种措施。空间上是指对泥石流发育程度和规模进行危险区域的划分，危险区域可按照地质、地貌、降水等条件划分出高度危险、中等危险和一般危险区 3 个层次；时间上则分为短历时预报和中长期历时预报。

2. 应急性措施

每年 7—8 月是泥石流易发时段，要采取相应的泥石流应急避防措施。首先要避开泥石流危险地，在泥石流发育地区做好泥石流到来之前的防范措施，并采取必要的避险行动，如进行搬迁、建立防护措施等。除此而外，还要提前做好应急部署，对一些尚未受泥石流严重威胁的工矿、学校、村镇做好防范工作。防范工作主要包括如下。

（1）普及泥石流知识。对泥石流的相关知识要及时到位的普及，并在汛期有组织、有纪律地进行演习训练，使人们遇到灾情时可以临危不乱，将所学运用到实际中，避免人员伤亡。例如，北京市的北山是泥石流易发区域，当地政府根据当地实际情况总结了一套泥石流应急防范措施及方法——三包四落实，其中，包村、包队、包户到人为三包。一旦泥石流发生，泥石流的安全工作即由从乡领导开始逐一向下负责，特别是老、弱、病、残、幼、妇的安全均有人负责。

（2）预防为主。泥石流多发生在夏汛暴雨期间，而在这期间，也是人们选择去山区峡谷游玩避暑的最佳时间。因此，在这个时间选择进入山区沟谷游玩的人们一定要事先收听当地天气预报，若近期连续阴雨天，或是有强降水出现，则不要进入山谷旅游，以免遇到泥石流等危害。

（3）选择附近安全的地带修建临时避险棚。如较高的基岩台地、低缓山梁上等都可作为选择的地点，切忌建在沟床岸边、台地及坡脚、较低的阶地、下游河道拐弯的凸岸或凹岸端边缘。

由于泥石流常滞后于大雨而发生，因此，长时间降水或暴雨渐小后或刚停，不应马上返回危险区。例如，1991 年 6 月 10 日

第三章 泥石流的防范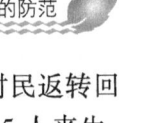

北京市密云降水一天，20：00 许雨停，口门村的部分村民返转回家，可就在这时，泥石流突然来临，袭击村子，造成 5 人丧生。另外，一些黏性泥石流具有阵流特点，每阵之间的间隙经常会被误认为是泥石流险情已过，若这时放松警惕，很可能造成损失，所以应当密切注意。总之，当遭遇泥石流时，应谨慎而行，待完全确认泥石流不会发生或泥石流已全部结束时才能解除警报，返回家园。

（4）不可存在侥幸心理。在白天降水量较多的情况下，到了晚上或夜间绝对不能掉以轻心，必须密切注意降水和泥石流前兆，随时做好转移的准备，最好是提前转移，不能存在侥幸心理在室内就寝，蒙头大睡。

（5）避免泥石流引发的次生灾害。例如，泥石流携带的固体物质容易堵塞河道，堵坝致使上游形成堰塞状态，这个时候就应尽快采取毁"坝"措施，疏通河道，使上游囤积的水下泻，避免次生洪水灾害。对于上、下游受到泥石流威胁的地区要做好防灾避险。危险地段的公路、铁路和桥梁，应采取限制车辆通行的措施，以免洪水倾泻和泥石流暴发淹没和掩埋交通通道，造成车辆被颠覆和人员伤亡。

（6）采取正确的逃逸方法。与滑坡、山崩、地震不同，泥石流是流动的，其冲击强度和搬运能力非常大，所以，当处于泥石流区时，不能沿沟向上或向下跑，要向离开沟道、河谷地带的两侧山坡上跑，但注意千万不要停留在土质松软、土体不稳定的斜坡上，应选择基底稳固又较为平缓的地方，以免斜坡失稳下滑。另外，不要觉得树上是最好的躲避点，泥石流不是洪水，它比洪水的破坏力更加强大，所到之处沿途一切皆不可幸免，树木很容易就被卷入洪流中。除此之外，河（沟）道弯曲的凹岸和地方狭小高度又低的凸岸也是很危险的，因为泥石流还有很强的掏刷能力及直进性，这些地方很可能引发泥石流的"贪婪"，使

人陷入绝境，所以，一定要避开。

三、泥石流灾害预防措施

1. 在沟口和沟道上不要建造房屋

受自然条件限制，山麓扇形地上常建有许多村庄。而这些山麓扇形地却是历史泥石流活动的见证。从长远分析，这些沟谷绝大多数都有可能再次发生泥石流。因此，在村庄选址和规划建设过程中要非常慎重，房屋既不能占据泄水沟道，也不宜离沟岸过近，已经占据沟道的房屋应迁移到安全地带。为了避免或减轻因泥石流溢出沟槽而对两岸居民造成的伤害，还要在沟道两侧修筑防护堤和营造防护林。

2. 切忌把冲沟当做垃圾排放场

泥石流的能量相当强大，能将山上巨石席卷而下，在冲沟中的弃土、弃渣、堆放的垃圾，都会成为泥石流的固体物源、促进泥石流的活动。当弃土、弃渣量达到一定规模的时候，就可能在沟谷中形成堆积坝。一旦堆积坝溃决，泥石流必然发生。因此，在雨季到来之前，为了确保沟道洪泄能力良好，最好能主动清除沟道中的障碍物。

3. 重视保护和改善山区生态环境

山区的生态环境的变化，对泥石流的引发有着直接的影响。树木不但可以保持水土，也是一道天然的屏障。据统计，山区生态环境越好，泥石流发生的频度就越低、影响范围也越小；反之，泥石流发生的频度就高、危害范围也大。所以，提高小流域植被覆盖率是非常重要的，例如，在村庄附近营造一定规模的防护林，这样不但可以抑制泥石流形成、降低泥石流发生频率，就算发生泥石流灾害，也可以减轻灾害程度。

4. 雨季时期避免在沟谷中停留

山区降水普遍具有局部性特点，所谓"一山分四季，十里不同天",沟谷下游是晴天,沟谷上游不一定也是晴天,因此,要求我们即使在雨季的晴天,也要提防泥石流灾害。雨季的沟谷是十分危险的,所以,不要长时间或是尽量避免在其中停留,如果身处沟谷中时,听到上游传来异常声响,应迅速向两岸高处地方逃离。此外,在雨季穿越沟谷时,不要鲁莽,首先要仔细观察,确认安全后再快速通过。

5. 对泥石流监测和预警

根据监测流域的降水量和降水过程,或者根据接收天气预报的信息来凭借经验判断降水激发泥石流的可能性;结合沟谷中松散土石堆积和沟岸滑坡活动情况,分析哪些滑坡堵河可引起泥石流的发生。如果发现下游河水突然断流,很可能是上游发生了滑坡,河道被堵,这是溃决型泥石流的前兆。将观测点设置在泥石流形成区,一旦发现上游形成泥石流,可以及时发出预警信号给下游。

经常对相关建筑和设施进行巡查,及时修补出现问题的坝体,尤其在雨季,泥石流多发期要及时采取避灾措施,防止坝体溃决引发泥石流灾害。

四、泥石流和滑坡灾害的预防和减轻

为了预防和减轻泥石流的灾害,人们作出了很多努力,如中国科学院成都山地研究所的科学家们,就通过长期对泥石流的研究和治理,总结出一套完整的治理、预防和减轻滑坡与泥石流灾害的办法。下面我们就来看看这一套完整的预防和治理方法。

1. 遵循几个原则

泥石流防治与发展当地经济相结合的原则;以防为主、防治结合的原则;因地制宜、因害设防的原则;统筹兼顾、突出重点、分期分批进行防治的原则;生物措施为主、紧密结合其他措施的原则;先治山、再治沟、后治河的原则;土建工程防治中,以拦、排为主,与稳、调、蓄相结合的原则;综合防治原则。这些原则我们上面已经涉及一些了,这里便以这些原则为基础来制定方法。

(1) 根据泥石流产生的条件和造成灾害的机理,对可能发生泥石流的地点进行判断,并对可能造成的灾害大小和灾害频度进行估计(调查与危险性评价,圈定隐患区/点)。

(2) 对那些危险区和危险点,要尽可能地避开,实在避不开的,要采取保护措施,修建保护设施进行治理(避让、治理)。

(3) 在泥石流可能发生地区附近生活的居民,对泥石流的发展动态要密切监测。通过"专业监测""群测群防""预报预警"等措施,结合泥石流的发展过程,发现其发生的前兆,及时了解泥石流的动态,以便在造成灾害前,组织撤离、避险,最大限度减少人员伤亡。

(4) 由于泥石流具有突发性,有些很难预测到,所以,如果未能事先对泥石流作出预测,面对灾害的发生,也要保持镇定,切忌惊慌失措,要听从指挥,按照事先准备好的应急预案,采取应急措施。

预防和减轻泥石流灾害的措施可分为灾害前、灾害时和灾害后3种分类。其中,灾害前以预防为主、避让与治理相结合。

从避免灾害及安全的角度,将山区划分为泥石流的危险区和安全区,并选择平缓平地等安全区来建设场地,要尽可能避开江、河、湖(水库)和沟切割的陡坡这些危险地段,在危险地段设立警示牌。若是建设场地实在避不开危险地段,则要设立相关防护工程,且在上游建立泥石流预测点,随时进行监测和预警工作。

工程措施和生物措施是泥石流治理措施中常用的措施,这两者相结合综合使用时则被称之为"综合措施"。前面我们已经对

"综合措施"中的工程措施和生物措施有所介绍。下面来详细说明。

2. 工程措施

工程措施大概可包括稳固、拦挡、排导。

稳固：对松散固体物质起到稳固的作用，减少石流夹带固体的来源。

拦挡：在泥石流可能通过的沟谷中修建拦挡坝，减少泥石流的威力，从而减轻泥石流对下游的危害。

排导：这一般是为了保证桥涵和桥梁的安全而建设的防护措施，对通过桥涵和桥梁隐患区的泥石流加以控制、削减。

3. 生物措施

生物措施主要指山区的自然资源，如树木，茂密的植被，良好的生态环境，需要保护和维持。建立良好的生态环境以此改善地表汇流条件，抑制水土流失，防止和减少泥石流活动。

建立泥石流的预警和预报系统。滑坡、崩塌、泥石流灾害都具有突发性强、破坏力大的特点，但是这些灾害发生前都具有明显的前兆。只要掌握了泥石流的基本常识，并对滑坡、崩塌体和建筑经常巡查，发现裂缝还要经常进行简易的测量，若发现泥石流或者危险前兆，应迅速采取措施，最大可能地避免人员伤亡。

第三节　泥石流灾害的自救与互救

一、泥石流来时的逃生方法

泥石流一般是由山区沟谷中暴雨、冰雪融水等导致的。因为水源大量增加，激发了山洪的暴发，洪水在下泻时，卷带了大量的固体物质和泥沙，从而形成泥石流。泥石流的威力大大强于洪水，由上至下，来势凶猛，常常给人类生命财产造成重大的危害。下面介绍几点如何预防泥石流及逃生的方法。

（1）山谷常成为泥石流下泻的路径，所以，若在山谷中遭遇大雨，一定不要在谷底停留过长时间，要迅速转移到安全的高地。

（2）在山区、半山区旅行时，如听到异常的响声，看到有石头、泥块频频飞落，表示附近可能有泥石流袭来，如果声音已经很大，且越来越大，泥块、石头等明显在附近飞落，则证明泥石流距离已经很近，这个时候不要贪图财物，需立即丢弃随身重物尽快逃生。

（3）逃生时要向泥石流卷来的两侧（横向）跑。

（4）泥石流所占的横向面积一般不会很宽，要注意观察地形，向未发生泥石流的高处逃避。

（5）在山区扎营时，选好位置，不要在谷地和排洪通道处扎营，河道弯曲汇合处也不是安全的地点，一定要选择平整的高地作为营地，避开有滚石和大量堆积物的山坡。

（6）经过泥石流多发地段时，不但要注意观察，还要收听当地的有关预报加以防范。

（7）如发现泥石流时，情况很危急，可向树林密集的地方逃生躲避。这是由于树木是有效的生物屏障，可以减缓泥石流的滚落速度，减少危害。来不及奔跑时要就地抱住树木。

二、遭遇到泥石流时怎么办

我国的泥石流灾害主要集中发生在7—8月，据不完全统计，这两个月发生的泥石流灾害占全年泥石流灾害的90%以上。我国泥石流危害严重的地区主要有：川西地区、陕南秦岭、滇西北、滇东北山区、大巴山区、辽东南山地、甘南及白龙江流域（以武都地区最为严重）。

人们无论是居住还是从事社会活动等都要尽量避开泥石流多

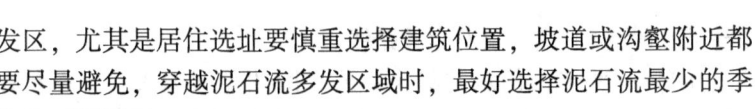

发区,尤其是居住选址要慎重选择建筑位置,坡道或沟壑附近都要尽量避免,穿越泥石流多发区域时,最好选择泥石流最少的季节和时间通过。

在夏季暴雨多发期,也是泥石流的多发期,游客是受泥石流困扰最大的群体,而夏季又是选择去山区游览的最佳时间。因此,如果去山区游览,游客一定要注意天气预报,千万不要在大雨天或将有大雨的情况下进入沟谷。

除了暴雨、初春融雪,地震和大型施工活动也是诱发泥石流的重要因素。

(1) 预测泥石流虽然很不容易,但也不能忽视,因为能发现泥石流的前兆是极为重要的。

(2) 另外普及泥石流相关知识,掌握逃生手段也是很必要的。众多事实表明,慌乱不利于逃生,遇到泥石流时,要镇静,观察泥石流的走向,确定最佳逃生方向。

(3) 不要顺着泥石流可能倾泻的方向跑,要向泥石流倾泻方向的两侧高处躲避。

(4) 还有一点很重要,如遇到危险千万不要"爱财不要命",若在房屋内不要执著于细软,若在户外不要舍不得随身重物,性命比什么都重要,别忘记有句谚语叫"留得青山在,不怕没柴烧"。

(5) 有可能的话,逃出时可以多带些衣物和食品。因为一旦灾难发生,通讯和交通都有可能处于瘫痪状态,使救援工作陷于困境。泥石流过后的天气往往很阴冷,饥饿和寒冷也会危及生命。

(6) 泥石流发生后,并不意味着灾难和危险已过,因为前面我们提到过有些泥石流具有间歇性特点,所以,要确认泥石流完全结束后才能返回。经过刚刚发生过泥石流的地区时,也要特别当心,不仅要注意两旁堆积和滚落物,还要注意观察周围动静,最好是绕道找一条安全的路线。

(7) 一些依山傍水的村庄,风光固然美丽迷人,但也是存在一定的危险的,因为这些村庄所处的位置很容易受到山洪和泥石流的侵害。这种情况下,就要修建一些防范措施,以保证建筑物及村镇的安全,并有完善的防御措施和避难场所。

(8) 如果旅游者到这些地方旅游时遭遇泥石流,且身处汽车或者火车等交通工具上,应果断放弃交通工具,逃生躲避。虽然一些交通工具会形成一个保护空间,但是当被泥石流掩埋时,很可能把车厢密封起来,致使车内的人窒息而死。

(9) 泥石流还可能引发其他灾难,如在前面我们提到的次生灾难——洪水。若是不能采取泄洪措施,则要迅速疏散人群,离开危险地带。

三、适合躲避泥石流的地方

(1) 所谓水往低处流,故而千万不要顺着水流方向跑,高处才是安全的。

(2) 若是有可能,尽量躲避到泥石流发生地较远的地方,因为越远越安全。

(3) 若是来不及跑那么远,应选择河谷两岸的山坡高处,注意不要选择土质松软的地带。

(4) 泥石流的流径一般不会太宽,若是确认河床两岸土质较为牢固,河床两岸的高处地段也不失为一个好的避难地。

四、灾后食品不足,水源污染了怎么办

(1) 泥石流来临时,携带着大量的固体物质和泥沙,很容易将附近的水源污染,这个时候千万不要饮用被污染的水。最好是用山上的野果来充饥、解渴。

(2) 要注意的是,食物来源不足或者不稳定时,要有计划

地适量进食，以维持生命，等待救援。不能坐以待毙，若食物短缺，要坚定信念，可以一边寻找山果等充饥，一边等待政府救援物资。

（3）水源污染后，不要饮用，以免对身体造成更大的伤害，或者引发中毒现象，可以收集雨水进行饮用。

五、泥石流过后的自救与防疫工作

当遭到泥石流袭击，并且出现灾情后。应该在第一时间内组织人员对伤员进行抢救，同时，进行水、电、交通线路的抢修，以确保全面救灾工作的顺利展开与进行。河（沟）经泥石流的袭击之后，遭到的破坏是毁灭性的，不仅原河（沟）床会被冲淤得难以辨认，穿越或沿河（沟）谷的道路也会被泥石流掩埋破坏得面目全非，沿途漂砾，泥沙到处都是，极容易给行人带来伤害，甚至生命危险，因此，进行救灾抢险时应注意避免各种意外发生。

泥石流发生时常摧毁并淹没沿途的房屋、牲畜及杂、污物，所以，泥石流活动结束之后应对必要的地段进行清理消毒或隔离，避免与防止流行病的发生和传播，做好卫生防疫工作。

六、泥石流灾害与其他自然灾害的区别

泥石流灾害与其他自然灾害，有三大显著区别。

第一，能量来源不同。火山、地震、海啸等灾害源于地球内部，气象、空间灾害源于太阳，泥石流灾害源于地球的重力势能。造成泥石流的根本原因是地球重力。当某些外界因素发生某些变化、达到泥石流的发生条件时，长期积累的重力势能会一触即发地释放出来。除了地震，能够触发泥石流的主要原因有两个：一是降水的作用；二是人为的不合理的开挖。由于能量来源不同，治理、减轻泥石流灾害的方法也与其他灾害有

所不同。

第二，虽然泥石流发生频度高、涉及范围广，但其一次性规模远远小于地震等其他灾害。而且由于它是发生在地表的地质现象，便于观察，所以，通过人们的长期观测，积累了丰富的资料和经验，因此，对于泥石流的发生机理和治理方法的认识，也比其他灾害成熟。

第三，泥石流灾害所危害的群体不同。泥石流造成的人员伤亡中，农村人口占到了伤亡总数的80%以上。泥石流多发区多分布在农村，由于科学知识不够普及，许多农村发生灾害的原因是因为选址不当，把房屋建在了泥石流沟谷附近，建到了不稳定的滑坡体上，或者在危险的斜坡、沟谷中随意切坡开挖、弃土堵沟、改变河道、修建池塘等，这些人为不合理的工程活动为引发地质灾害留下了巨大的隐患。因此，国家有关部门规定，农村被定为泥石流灾害减灾、防灾的重点；要普及农村防灾、减灾的科学知识。

多年经验表明，地质灾害是可以有效防范的，关键是要让社会公众提高防灾、减灾意识，学习地质灾害防治知识。

2004年3月1日起施行的《地质灾害防治条例》是我国第一部关于地质灾害防治的行政法规，它标志着我国地质灾害防治工作走上了规范化、法制化的道路。

虽然我国的地质灾害的防治措施在不断完善，但是我们个人也要掌握应急自救的知识，以减少不必要的损失。泥石流灾害发生后，要做2件事：应急和自救。

滑坡、崩塌发生之后，整个山体系统不可能立即稳定下来，此时仍会间断发生崩石、滑坍，甚至还会继续发生较大规模的滑坡、崩塌。所以，在灾害发生后。千万不可以立即进入灾害区，同时，应注意防范继发的泥石流灾害。应立即开展自救、互救，有组织有计划地搜寻附近受伤和被困的人，在仔细检查后,要尽快撤离灾害区。另外,灾害发生后,应立即派人将灾情报告给政府部门,以便获得更多的救灾资源,收集更多的灾害信息(图3-4)。

图3-4 泥石流互救

第四章 台风的防范

第一节 台风的危害

台风是一种破坏力很强的灾害性天气系统,它具有突发性强、破坏力大的特点,是世界上最严重的自然灾害之一。除了会引起大风、暴雨、风暴潮等直接危害外,还会引发山洪、泥石流、山体滑坡等次生灾害。

一、台风的直接危害

1. 大风

台风最直接的危害是带来大风,当风力达到12级时,垂直于风向平面上的风压可达到$0.92kN/m^2$,极具破坏力;超强台风的风力可达16级以上,破坏力更大。狂风可颠覆海上船只,摧毁房屋建筑、高空设施及广告牌、行道树、电力通信线路、农作物等,并威胁人员安全。

大风的危害首先表现在对房屋的影响和危害上。根据建设部门的分析,当风速达到60m/秒时,相应风压为$2.25kN/m^2$。按照《建筑结构荷载规范》(GB 50009 2012),温州沿海50年一遇的基本风压取值仅为$0.6kN/m^2$,100年一遇为$0.7kN/m^2$,远远不能够抵御台风的袭击。由于缺乏规划,选址不当,农房没有连片建设,结构、构造不合理等因素也会导致抗风能力弱。设计、施工不规范,建材质量差以及建设质量监管缺位,都会导致农房无法抵御台风。

大风的危害还表现在对海上船只和避风港的影响上。海洋渔业部门的研究表明,避风港容量不足,普遍存在航道窄小、港地淤浅、泊位不足、设施不完善等现象,同时,船只的抗风能力不强,渔船通信手段落后,加上部分渔民存在侥幸心理,没有及时采取撤离避灾措施,极易导致超强台风来临时船只倾覆、沉没,避风港内船只相互碰撞,撞击堤岸,毁坏设施见下图所示。

图　台风灾害

大风的危害对基础设施的影响较大。第一,表现在对电力设施的影响上,由于抗风设计标准低,设计风速取值偏低,输出线路管理难度大,往往会导致电杆折断、输电铁塔损坏、断线、电网跳闸等大面积的断电现象;第二,大风对通信广电设施的影响也很大,超强台风易使架空导线遭到破坏,引起干线中断,基站停止工作,网络中断,其主要原因是标准化的设计施工不能适应防御超强台风的要求,基站电源保障能力不够,户外设施维护难度大;第三,大风对港口设施也有较大影响,超强台风易造成港口设施，特别是起重设施滑移、倾覆；泥沙骤淤，也会严重影响航道的正常使用；第四，大风对市政设施也会产生严重的影响，表现在狂风吹倒建筑物、吹落高空物品、设施，毁坏标志标牌，危害公共安全，其主要原因是市政设施涉及的部门多，管理、维护难度大。

2. 暴雨

台风是带来暴雨的天气系统之一，在台风经过的地区，可能产生 150~300mm 的降水，少数台风能直接或间接产生 1 000mm 以上的特大暴雨。短时间内如此集中的雨量在任何地区都能造成洪涝灾害。台风暴雨具有强度强、总量大的特点，引发洪水频率高，波及范围大，来势凶猛，破坏力极大，可致使大范围城镇、村庄、农田受淹，冲毁道路、桥梁、电力通信杆塔、变电站、通信基站，淹没供水水厂，造成停电、停水、交通及通信等中断；冲毁堤防、堰坝、灌排设施，甚至造成水库漫顶垮坝。台风暴雨如果发生在山区小流域则会引发山洪和泥石流、滑坡等次生灾害，具有突发性强、破坏力大的特点，易造成人员伤亡。台风暴雨会造成频繁的洪涝灾害，影响范围广，经济损失严重。

3. 风暴潮

台风使海水向海岸强力堆积，导致潮位猛涨。强台风暴潮能使海面上升 5~6m。若风暴潮与天文大潮高潮位相遇，常产生狂风、暴雨、高潮"三碰头"，产生特高潮位。风暴潮还可倾覆海上船只，冲毁海塘堤防、涵闸、码头、护岸、避风港及其他临海设施等，造成海堤决口、海水倒灌，淹没城镇、农田，威胁人员安全。风暴潮的危害对沿海地区影响较大。沿海地区经济发达，经济要素和人口集中，因台风、暴雨洪水而造成的灾害损失巨大。

二、台风引起的次生灾害

许多自然灾害,特别是像台风这样等级高、强度大的自然灾害发生以后,破坏了人类生存的和谐条件,常常诱发出一连串的其他灾害。这些次生灾害和衍生灾害常常容易被人们忽视,从而造成重大人员伤亡和财产损失。台风的次生灾害包括暴雨引起的山洪、山体滑坡、泥石流等。另外,房屋、桥梁、山体等在台风中受到洪水长时间的冲刷、浸泡,即便当时没有发生坍塌,待台风、洪水退去后,由于上述原因容易出现房屋、桥梁坍塌等,一定要引起人们的高度警惕。

1. 山洪

山洪是洪水的一种类型,最常见的山洪是由暴雨引起的,通常指在山区沿河流及溪沟形成的暴涨暴落的洪水及伴随发生的滑坡、崩塌、泥石流。具有突发性、水量集中、流速大以及冲刷破坏力强的特点,常造成局部性洪灾。由于山区经济发展相对落后,预警预报设施不完善,故不能及时采取有效措施减少洪灾损失。加之对山洪灾害的规律性研究还不深入,目前还没有定量判别的标准,以往的山洪灾害防御预案操作性不强,山洪灾害预见性差,防御难度较大。

山洪冲毁房屋、田地、道路和桥梁,常造成人身伤亡和财产损失。例如,2005年10月,"龙王"台风肆虐,强降水造成山洪暴发,冲击福州市区,造成福州市区 $138km^2$ 受淹,最深达5m,96个居民小区停电,81条公交线路停运,火车站停运,铁路中断,高速公路被淹,直接经济损失达32.78亿元。

居住在山洪易发区或冲沟、峡谷、溪岸的居民,每遇连降大暴雨时,必须保持高度警惕,特别是晚上,如有异常,应及时预警并立即组织人员迅速脱离现场,就近选择安全地方落脚,并设法与外界联系,做好下一步的救援工作。切不可心存侥幸或者为了救捞财物而耽误了避灾时机，造成人员伤亡。

遇到山洪应按照以下方法应急逃生。

（1）一定要保持冷静，迅速判断周边环境，尽快向山上或较高的地方转移；如一时躲避不了，应选择一个相对安全的地方避洪。

（2）山洪暴发时，不要沿着行洪道方向跑，而是要向两侧快速躲避。

（3）山洪暴发时，千万不要轻易涉水过河。

（4）被山洪困在山中，应及时与当地政府、防汛部门取得联系，并拨打"110"报警，寻求救援。

2. 山体滑坡

滑坡是指斜坡上的土体或者岩体，因受河流冲刷、地下水活动、雨水浸泡、地震及人工切破等因素的影响，在重力作用下，沿着一定的软弱面或软弱带，整体地或者分散地顺坡向下滑动的自然现象，俗称"走山""垮山""地滑"或"土溜"等。山体滑坡是常见的一种地质灾害。

2016年9月28日，受台风"鲇鱼"的影响，浙江省遂昌县北界镇苏村发生山体滑坡，造成了重大人员伤亡和财产损失。此次山体滑坡塌方量40余万 m^3，20户房屋被埋，17户房屋进水，10余人遇难，形成堰塞湖，救援工作十分困难。

如果遇到山体滑坡，应尽量做到以下几点。

（1）当处在滑坡体上时，首先应保持冷静，不要慌乱，慌乱不仅浪费时间，而且极可能让我们作出错误的决定。

（2）要迅速环顾四周，向较为安全的地段撤离。一般除高速滑坡外，只要行动迅速，都有可能逃离危险区段。逃离时，以向两侧跑为最佳方向。在向下滑动的山坡中，向上或向下跑均是很危险的。当遇到无法跑离的高速滑坡时，更不能慌乱，在一定条件下，如滑坡呈整体滑动时，原地不动或抱住大树等物，不失为一种有效的自救措施。

(3) 对于尚未滑动的滑坡危险区，一旦发现可疑的滑坡活动时，应立即报告给邻近的村、乡、县等有关政府或单位以便做好应急措施。

(4) 滑坡时，极易造成人员受伤，当有人员受伤时应立即拨打"120"呼救。

第二节　台风灾害的预防

一、预警信号

台风预警信号由名称、图标、标准和防御指南组成，预警级别依据气象灾害可能造成的危害程度、紧急程度和发展态势一般划分为四级：Ⅳ级（一般）、Ⅲ级（较重）、Ⅱ级（严重）、Ⅰ级（特别严重），依次用蓝色、黄色、橙色和红色表示，同时，以中英文标识，见下表。

表　台风灾害预警等级

预警级别	预警信号含义
	蓝色预警信号：24小时内可能或者已经受热带气旋影响，沿海或者陆地平均风力达6级以上，或者阵风8级以上并可能持续
	黄色预警信号：24小时内可能或者已经受热带气旋影响，沿海或者陆地平均风力达8级以上，或者阵风10级以上并可能持续

（续表）

预警级别	预警信号含义
	橙色预警信号：12 小时内可能或者已经受热带气旋影响，沿海或者陆地平均风力达 10 级以上，或者阵风 12 级以上并可能持续
	红色预警信号：6 小时内可能或者已经受热带气旋影响，沿海或者陆地平均风力达 12 级以上，或者阵风 14 级以上并可能持续

二、应急响应等级与启动

根据气象报告和水文测报等信息，当洪涝台灾害分别出现特别重大（Ⅰ级）事件、重大（Ⅱ级）事件、较大（Ⅲ级）事件和一般（Ⅳ级）事件时，分别启动相应级别的应急响应措施。各省的《防汛防台抗旱应急预案》规定了应急响应启动的程序和行动内容。

当洪涝台灾害出现特别重大（Ⅰ级）事件时，由防指指挥决定启动Ⅰ级应急响应，实施Ⅰ级应急响应行动，必要时报请省委、省政府部署防汛防台和救灾工作；当洪涝台灾害出现重大（Ⅱ级）事件，由防指指挥或其授权的副指挥决定启动重大（Ⅱ级）应急响应；当洪涝台灾害出现较大（Ⅲ级）事件和一般（Ⅳ级）事件时，由防指副指挥或其授权的防指办负责人决定启动相应的应急响应。

三、各级别的防御指南

1. 蓝色预警

蓝色预警应采取以下防御措施。

（1）政府及相关部门按照职责做好防台风准备工作。

（2）停止露天集体活动和高空作业等户外危险行动。

（3）相关水域水上作业和过往船舶采取积极的应对措施，如回港避风或者绕道航行等。

（4）加固门窗、围板、棚架、广告牌等易被风吹动的搭建物，切断危险的室外电源。

2. 黄色预警

（1）政府及相关部门按照职责做好防台风应急准备工作。

（2）停止室内外大型集会和高空作业等户外危险活动。

（3）加固港口设施，防止船舶走锚、搁浅和碰撞是相关水域水上作业和过往船舶应积极采取的应对措施。

（4）加固或者拆除易被风吹动的搭建物，人员切勿随意外出，确保老人小孩留在家中最安全的地方，危房人员及时转移。

3. 橙色预警

（1）政府及相关部门按照职责做好防台风抢险应急工作。

（2）停止室内外大型集会、停课、停业（除特殊行业外）。

（3）水上作业和过往船舶应当回港避风，离开相关水域，加固港口设施，防止船舶走锚、搁浅和碰撞。

（4）加固或者拆除易被风吹动的搭建物，人员应当尽可能待在防风安全的地方，风力会减小或者静止一段时间，这是台风中心经过，切记强风将会突然吹袭，应当继续留在安全处避风，危房人员及时转移。

（5）相关地区应当注意防范强降水可能引发的山洪等地质灾害。

4. 红色预警

(1) 政府及相关部门按照职责做好防台风应急和抢险工作。

(2) 停止集会、停课、停业（除特殊行业外）。

(3) 回港避风的船舶要看情况采取积极措施，妥善安排人员留守或者转移到安全地带。

(4) 加固或者拆除易被风吹动的搭建物，人员应当待在防台风安全的地方，当台风中心经过时风力会减小或者静止一段时间，切记强风将会再次突然来袭，应当留在安全处继续避风，危房人员及时转移。

(5) 相关地区应当注意防范强降水可能引发的山洪等地质灾害。

四、防台风准备

1. 物资储备

家里平时要准备蜡烛、手电筒、收音机、应急灯、雨具、木板、盛水舀水器具等应急物品，有条件的家庭最好准备1个应急救援包，内备有绳索、锤子、剪刀、哨子等应急工具以及碘酒、胶布、止血带等应急医药用品。

2. 群众转移

强风有可能吹倒建筑物、高空设施，造成人员伤亡。居住在各类危旧住房、厂房、工棚的群众，在台风来临前，要及时转移到安全地带，不要在临时建筑（如围墙等）、广告牌、铁塔等附近避风避雨。住在低洼地区和危房中的人员要及时转移到安全住所。车辆尽量避免在强风影响区域行驶。

3. 高空物品转移

强风会吹落高空物品，要及时搬移屋顶、窗口、阳台处的花盆、悬吊物等；在台风来临前，最好不要出门，以防被砸、被压、触电等危险；检查门窗、室外空调、保笼、太阳能热水器的安全，并及时进行加固。

4. 其他准备

居家群众要检查电路，注意炉火、煤气，防范火灾；在做好防风工作的同时，还要做好防暴雨工作；不要去台风经过的地区旅游，更不要在台风影响期间到山区旅游、海滩游泳或驾船出海；及时清理排水管道，保持排水畅通；有关部门要做好户外广告牌、天线等的加固，建筑工地要做好临时用房的加固，并整理、堆放好建筑器材和工具，园林部门要加固城区的行道树，遇到危险时，请拨打当地政府的防灾电话求救。

五、防台风演练

为保证防台风应急工作依法、科学、有序、高效进行，各级政府及基层组织应制定防台风应急预案，并定期或不定期地开展演练，以提高实战能力。防台风演练需要群众参与，才能取得实效。所以，要积极参加当地政府及防汛指挥机构组织开展的防汛防台演练，特别要熟悉避灾转移预警信号、转移路线和避灾场所。

第三节 各类群体防台措施

一、台风来临前的防范措施

1. 海上作业人员

海上捕捞、航运、开采等人员得知有台风将可能影响所在区域时，不要轻易出海。已出海人员应关注台风动向，保持通信畅通，服从防汛防台抗旱指挥部和海洋与渔业、海事等部门的指令，在台风影响前及时进港避风或驶向安全区域；返航途中注意航行安全，进港后抓紧做好锚固和人员转移准备。沿海工程施工、码头作业人员应停止高空、低洼、临水、风口等危险区域作业;做好设施设备加固、转移和保护;检查驻地安全状况,做好防范和人员转移准备。

2. 海上作业和沿海滩涂养殖人员

海上作业及沿海滩涂养殖人员应密切关注台风动向,了解当地防汛防台指挥部发布的通知,听从安排。一旦得知台风将可能影响当地时,要抓紧捕捞成熟水产品,加固渔排,尽量减少损失,并要提前撤离上岸。

3. 农村务农人员

农村务农人员应注意收听收看台风消息,一旦得知台风将可能影响当地时,应结合实际,采取相应防灾措施:提前收获成熟的农产品;把稻株编结并压伏,增强抗风力,稻田可灌水;树木可增加支柱、支架,修剪树枝;种植大棚收膜,暂勿播种或插秧;召回在室外的畜禽,加固栏舍;将生产资料和收获的农产品等转移到安全的地方;检查排水系统,清理沟渠等。

4. 外来务工人员

外来务工人员应向当地居民学习自我防范方法,服从当地防汛防台指挥部的安排,及时撤离到安全地方。如果居所不安全,应尽快到当地避灾中心或避灾点避险;如果受困,应立即报警,请求帮助。用工单位、租住房屋的房主及所在地防台风组织都有帮助、解救受困人员的责任和义务。

5. 企业主及管理者

企业主及管理者要组织编制本企业防台风预案,并将防台风责任落实到每个部门、每个人。企业的厂房设施和周围环境应达到防台风要求,严禁在危险区域生产。台风影响期间,企业防汛防台责任人必须到岗到位。台风严重影响期间企业应停止生产,全力保护自身安全,并注意做好与周边单位、附近群众的联防工作。

第四章 台风的防范

6. 居家人员

发布台风预警后,居家人员及时检查房前屋后排水情况,及时疏通被堵塞的排水沟、排水管;收起阳台、露台、屋顶上的花盆、杂物等搁置物、悬挂物;关好门窗,检查门窗是否坚固,必要时钉上木板;准备电筒、灯烛,储存饮水,以防断电停水;检查电路,尽量减少电器使用;非必要时不要外出,不要将小孩独自留在家里;电话或手机尽量保持开机状态。若房屋存在安全隐患的,要抓紧转移人员和财物。

7. 在校师生

学校要密切关注台风预警和有关部门的通知,一旦有台风影响,要按预案停止户外活动,必要时停课,如需遣散学生,应及时联系家长。学生应听从学校安排,上学、放学途中应避开危险区域,尽快到校或回家。住校师生应自觉服从校方管理,在警报未解除前留守在学校。

8. 户外休闲旅游人员

户外休闲旅游人员应关注天气和路况,若不适宜外出旅行时,应取消或调整旅行计划,尽量避开台风影响区域。已经在台风影响区域的游客、"驴友"要尽快返回或到附近避灾场所避险。台风来临时,正在旅游景区的游客,要听从景区管理人员的安排,停止一切户外活动,留在室内休息;遇到危险,及时与有关部门联系,请求救援。

9. 处于危险区域人员

处于危险区域人员应主动了解转移的时间、地点、目的地、路线、交通和负责转移的人员及其联系电话;接到转移通知时,应服从当地防台风组织转移指令,并带上3~7天的干粮、饮用水、药品和衣服等生活必需品进行避险转移。在避灾场所应服从安排,不要大声喧哗,保持环境卫生,注意安全。

10. 其他外出人员

接到台风预警时，除防台抢险人员外，所有人员尽量不要外出，必须外出时要避开危险区域，减少户外逗留时间。台风影响期间，行人在较空旷的道路上应弯腰慢步，顺风时切记不能跑步行走，随时注意高处、拐弯处的坠落物、飞来物。驾车人员应注意收听交通路况信息，主动绕开低洼积水路段，穿越积水较深路面时减速慢行，保持车距；如遇强风侵袭，应根据风向停于路边，防止侧风刮翻车辆；将车辆停放在地势较高、空旷的地方，不要停放在广告牌、临时建筑和枯树下。

11. 村（社区）干部

村（社区）干部负责本地防台风的现场组织工作，应及时掌握周边道路、山塘水库、电力设施、危房、地点灾害隐患点、溪流河塘等的动态，发现异常情况立即报告并采取紧急措施。启用广播室发布台风信息，台风到来前，通知大家减少外出，做好防台风工作；组织居住在危房、工棚等可能出险区域的人员转移到安全地带；组织由青壮年组成的突击队待命，随时应对各种紧急情况。

12. 小区物业管理人员

台风预警发布后，小区物业管理人员应开展防台风安全检查，对小区内建筑物、公共设施、宣传牌、指示牌、易倒树木、照明线路等进行检查并采取必要的加固措施。对住户门窗、阳台物品、车辆停放等进行巡查，发现安全隐患及时联系住户，做好安全防范。

二、台风影响时的措施

1. 在港避风船只

在港避风船只要听从避风港管理人员的安排，加强船只锚固，除值班人员留守外，其余转移上岸；留守人员应关注台风动态和有关部门通知，做好转移上岸准备；当台风严重影响船只安全时，留守人员应迅速转移上岸。

60马力（约44kW）以下渔船：人员服从海洋与渔业部门和当地公务人员的安排，在10级风圈到来前，及时转移上岸。

60~150马力（44~110kW）渔船：人员服从海洋与渔业部门和当地公务人员的安排，在12级风到来前，及时转移上岸。

150马力（110kW）以上渔船：人员服从海洋与渔业部门和当地公务人员的安排，在12级风到来前，除值班人员留守外，其余转移上岸；留守人员关注台风动态和有关部门通知，做好人员转移准备。风力超过12级或留守船上可能危险时，迅速转移上岸。

2. *海上和沿海养殖人员*

在台风影响海域内的"老弱妇幼"人员：服从海洋与渔业部门和当地公务人员的安排，在7级风圈到来前，及时转移上岸；已上岸的不得返回。

其他养殖作业人员：服从海洋与渔业部门和当地公务人员的安排，在10级风圈到来前，及时转移上岸。已上岸的不得返回。

3. *紧急情况的应急处理*

（1）人员落入水里。万一人员掉进水里，要屏气并捏住鼻子，避免呛水，试试能否站起来。如水太深，站不起来，会游泳的就游向最近而且容易登陆的岸边；不会游泳的千万不要慌张，屏住呼吸，然后放松肢体，尽可能地保持仰位，使头部后仰、口向上方，使口鼻部露出水面，用嘴吸气、鼻子呼气。以防呛水，力争保持身体平衡。找机会尽可能抓住固定的或可漂浮的东西。

（2）人员被坍塌房屋压住。被埋压人员要消除恐惧，坚定求生意志，设法使自己离开险境。不能自行脱险时，不要大声疾呼，可用砖石敲击物体，或听到外面有人时再呼救，尽量减少体力消耗，等待救援。努力清除压在身体腹部以上的物体，设法用毛巾、衣服等捂住口、鼻，防止因吸入烟尘引起窒息。设法支撑可能坠落的重物，确保获取安全的生存空间；有条件的，争取向有光线和空气流通的方向移动，寻找食物和水，创造生存条件。

（3）人员被洪水围困。洪水上涨时，应尽快向楼顶、山坡、大树等高处转移，但不要爬电线杆、泥墙。当已被洪水包围，要设法尽快与当地政府及防汛防台部门取得联系，报告自己的方位和险情，积极寻求救援；无通信条件的，可制造烟火或来回挥动颜色鲜艳的衣物或集体同时呼救，不断向外界发出紧急求助信号，以求尽早得到救援。充分利用门板、木盆、木床、桌椅、大块的塑料泡沫等制成救生工具逃生，千万不要游泳逃生。山洪暴发时，快速向两侧高处躲避，不要沿着洪水行洪方向跑动，千万不要轻易涉水过河。发现高压线塔倾斜或者电线断头下垂时，一定要迅速远避，防止触电。

（4）遭遇泥石流。在山谷行走或作业时，一旦遭遇大雨，要迅速转移到安全的高地上，离山谷越远越好。注意观察周围环境，特别留意倾听远处山谷是否传来雷鸣般的声响，察看溪水是否变浑浊，如有以上情况，很可能是泥石流将至的征兆，就要高度警惕。要选择平整的高地作为营地，不可停留在有滚石或大量堆积物的山坡下面，不要在山谷或河沟底部扎营；发现泥石流时，要马上向两边（与泥石流成垂直方向）的山坡上爬，绝不能往泥石流的上、下游撤离。

（5）遭遇山体滑坡。当不幸遭遇山体滑坡时，要沉着冷静，不要慌乱，要迅速环顾四周，向较为安全的地段撤离。一般除高速滑坡外，只要行动迅速，都有可能逃离危险区域。跑离时，以向两侧跑为最佳方向。在向下滑动的山坡中，向下或向上跑均是很危险的。当遇到无法跑离的高速滑坡时，在一定条件下，如滑坡呈整体滑动时，可原地不动，或迅速抱住身边的树木等固定物体。对于尚未滑动的滑坡危险区，一旦发现可疑的滑坡活动时，应立即报告当地政府或有关部门。在滑坡体未稳定前,不要接近滑坡地区。

4. 现场施救的注意事项

现场施救的原则为先救多,后救少;先救近,后救远;先救易,后救难。先抢救困于建筑物边缘废墟、房屋底层或未完全遭到破坏的地下室中的人员。要耐心观察,特别要留心倒塌物堆成的"安全三角区";仔细倾听各种呼救的声音,如敲打、呼救、呻吟等。发现遇难者,一定要注意:挖掘时要保持被埋者周围的支撑物,使用小型轻便的工具,接近时采用手工小心挖掘;如一时无法救出,可以先输送流质食物,并做好标记,等待下一步救援;发现被困者后,首先帮他露出头部,迅速清除口腔和鼻腔里的灰土,避免窒息,然后再挖掘暴露其胸腹部。如遇险者因伤不能自行出来,决不可强拉硬拖。

5. 灾情统计及救灾物资发放

村(社区)应协助乡(镇)政府、街道办事处做好灾情统计和救灾物资发放工作,所有公民、法人和其他组织应配合做好相关工作。受灾群众要服从管理,有序领取救灾物资。

三、台风影响过后的相关措施

1. 出行人员的安全事项

台风经过后,部分险情还未完全排除,出行千万要注意安全。遇到路障或者是被洪水淹没的道路,要切记绕道而行,不走不坚固的桥。遇到有垂下来的电线、电缆,要立即远离,以防触电。不在损毁的房屋、铁塔等建筑设施以及折断的广告牌、线杆、树木等附近逗留或经过。不盲目开车进入山区,开车出行应降低车速,注意路况,发现公路塌方、塌陷、冲毁等险情,及时避让并报告。

2. 受灾地区的注意事项

（1）饮食卫生。不吃腐败变质食物，不吃苍蝇叮爬过的食物，不吃淹死的家禽、家畜，不吃未洗净的瓜果等；不贪嘴多吃生冷食品，生熟食物要分开，食品要煮熟、煮透。喝开水，不喝生水，更不能饮用灾后的井水；不使用未经消毒的污水漱口和洗瓜果、碗筷等；饮用水受污染时，要用明矾、漂白粉进行消毒处理。

（2）卫生防疫。台风过后，水淹地区必须进行彻底的室内外环境清理，及时清理淤泥、垃圾、人畜粪便，开展室内外环境消毒和卫生处理工作。要防止厕所粪便溢出，禽畜粪便也要及时集中清理，粪池、粪坑中加药杀蛆；生活污水要利用排水沟引至远离住地和饮用水源的地方；动物尸体尽可能焚烧或深埋；不要随地大小便，饭前便后要洗手，出现腹泻、发热等症状一定要及时就医；病人与带菌者隔离治疗，易感者预防性服药，对病人呕吐物、衣物等进行严格消毒；做好灭鼠、灭蚊、灭蝇工作。

（3）积极开展生产自救。及时排水排污，修复损毁的房屋、桥梁、供水、供电、交通、通信和水利等设施，迅速开展保险理赔，及时恢复医院、学校等正常秩序。农户应抓紧扶正树木，及时洗苗、补苗、复耕、培土、施肥、防治病害；养殖户应在潮水、洪水退后，确保安全的前提下，尽快修复养殖设施；企业应尽快恢复正常生产。

第五章　火灾的防范

第一节　火灾的危害

不断发生的火灾给我们的生产生活带来了巨大的影响。

随着现代化工业的发展，国民经济的增长和国民收入的增加，火灾给社会带来的威胁越来越大。古谚说：水火无情。它不仅毁灭了人类劳动创造的财富，而且无情地吞噬了许多人的生命，造成了一幕幕人间悲剧。火灾的危害有以下几种。

一、毁灭物质财富

中国有句话："贼偷三次不穷，火烧一把精光。"这说明，如果发生火灾，往往能使人们辛苦创造的物质财富化为灰烬，造成直接和间接的经济损失。

火灾造成的直接损失虽然巨大，但是火灾造成的间接财产损失更为严重。现代社会各行各业密切联系，牵一发而动全身。一旦发生重、特大火灾，造成的间接财产损失之大，往往是直接财产损失的数十倍。

二、造成人员伤亡

火灾给人类的生命安全也带来了严重的威胁和损害。现代社会，物质文明高度发达，人口相对集中，火灾一旦发生，造成的人员伤亡数量也会显著增加。

2019年3月30日18:00，四川省凉山州木里县雅砻江镇立尔村发生森林火灾，着火点在海拔3 800m左右，地形复杂、坡陡谷深，交通、通讯不便。截至2019年4月4日15:15，这次森林火灾已确认遇难31人，见下图。

图　凉山火灾

纵观以往的火灾案例，我们发现，发生火灾后总有死亡现象的发生，导致死亡的原因主要有以下4种。

1. 有毒气体

我们日常使用的煤、木材等在不完全燃烧时都会产生一氧化碳，常用的建筑材料燃烧时所产生的烟气中一氧化碳含量高达2.5%。空气中一氧化碳的浓度达到1.3%时，人吸上2~3口就会失去知觉，呼吸1~3分钟就会导致死亡。

2. 缺氧

燃烧消耗了氧气，火灾中的烟气常呈低氧状态，人吸入这种低氧的烟气，会造成缺氧，进而导致死亡。

3. 烧伤

火焰或热气会使人的皮肤大面积受伤，并引发各种并发症，从而导致死亡。

4. 吸入热气

燃烧会产生高温，人在温度超过体温的环境中，会出现出汗过多、脱水、疲劳、心跳加快等现象。如果直接受到火焰的烘烤，所吸入的高温热气会使人出现气管炎和肺水肿，进而窒息死亡。

大量的火灾案例证明，烟气是火场上的第一杀手。烟气中含有大量的一氧化碳、有毒气体等严重威胁人的生命的物质，并且，火灾时特有的高温和缺氧状态等会使人处于更加危险的境地。

安全出口、疏散通道严重不足也是导致人员伤亡的主要原因之一。安全出口的配置数量是根据场所的额定人数来计算的。无论任何原因在营业时间把出口关门上锁，或因施工临时堵塞出口，或在通道堆放杂物，使通道受阻，一旦发生火灾，都会延误疏散时间，极大地影响人员的正常安全疏散。如果同时缺少疏散指示标志和应急照明，那么火灾发生时一旦停电，人员对场所内部情况不熟悉，缺乏逃生常识，心生恐慌，在烟气中无法辨明出口方向和逃生路线，势必造成人员相互拥堵践踏的局面，使得伤亡数量倍增。

三、破坏生态环境

人类的生存离不开森林、草原、江河湖海，它们对调节气候、涵养水源、净化空气、维持生态平衡、保护人类的生存环境具有不可替代的作用。火灾发生时，会释放有毒有害气体，污染环境，毁坏资源，对生态环境的良性运行造成无法预测的影响，有时甚至是不可逆转的。

1987年5月6日至6月2日几乎长达1个月的大兴安岭森林特大火灾，起火直接原因是林场工人在野外吸烟，间接原因是气候条件有利燃烧，可燃物多。人民解放军、森林警察、公安消防人员、广大职工近10万军民经过近1个月的殊死搏斗，才将大火扑灭。这场大火致使193人丧生，226人受伤，火灾破坏了1 000多万亩（1亩≈667m^2，下同）林业资源，大火殃及1个县城和3个镇，破坏的生态平衡需80年才能恢复，经济损失高达69.13亿元。据资料统计，我国年均森林火灾毁林面积达1万km^2（我国森林覆盖率仅为13%，日本60%），森林大面积减少，造成洪水泛滥。

1998年7月，印度尼西亚发生的森林大火，持续4个多月，受害森林面积高达1.5万km^2，造成的经济损失高达200亿美元。大火形成遮天蔽日的烟雾，导致265人被浓烟呛死，4.5万人因此得病，数百万人呼吸不适。大火造成的浓烟大大降低了能见度，并导致了飞机坠毁和轮船相撞等多起事故的发生。同时，有害烟尘还波及新加坡、菲律宾、马来西亚、文莱和泰国，对这些国家造成了次生灾害。

同时，火灾的发生还对人类造成精神创伤。许多人在火灾中因为惊吓过度，精神上开始出现幻觉，时刻处于不安的状态，造成精神失常。有人在火灾中造成身体上的残疾，丧失了生存或自理的能力，从而失去了对生活的信心。这些不利因素都会影响社会的和谐和稳定。

由此可见，火灾的危害是相当严重的。我们在做好防火工作的同时，还应该在思想上、组织上和物质上积极做好各项灭火准备，以便一旦发生火灾，能够迅速有效地扑灭大火，最大限度地减少火灾损失和人员伤亡。

第二节 火灾的预防

一、防患于未然是预防火灾的关键

"预防为主，防消结合"是我国消防工作的方针，这一方针使防火与消火紧密结合，相辅相成，争取了同火灾作斗争的主动权。所谓"消"，就是消灭、扑灭火灾；所谓"防"，就是防止、预防火灾。消防工作就是扑灭火灾、预防火灾。预防火灾的发生，创造良好的消防安全环境，是全民和全社会的事，涉及千家万户、各行各业，与每个人都有密切的关系。火灾对人造成的伤害，主要是高温烧伤、窒息、烟中毒、爆炸冲击波伤、电击伤、砸伤、摔伤等。在火灾发生的同时，有时还伴随着化学物质、有毒物、放射性物燃烧或爆炸等恶性事故，这类火灾的危害比单纯的火灾更为复杂和严重。所以，我们必须从自我做起，从身边做起，重视并做好火灾的预防工作，这是全体公民应尽的社会责任。

古人说："明者远见于未萌，智者避危于无形，祸固多藏于隐微，而发于人之所忽者也。"意思是：明智的人在事故发生前就有了预见，有智慧的人在危险还没有形成的时候就避开了，灾祸本来就大多藏在隐蔽不易发现的地方，而突发在人的忽略之处。这句话对我们学习逃生有着非常重要的借鉴意义。

逃生的关键就是要防患于未然，能"远见于未萌""避危于无形"。而熟悉、了解能够对人的生命造成危害的灾难，是避危于无形的一步。

综观许多灾难事故，都在发生前就显露出了隐患。据媒体报道：四川省泸州发生的天然气爆炸事故，事发9天前当地居民就闻到了刺鼻的天然气味，并报告了天然气管理站，但未被重视，最终造成爆炸，酿成惨剧。还有前些年的克拉玛依大火，如果组织者能够做到明察秋毫、临危不乱，火灾也不会发生，至少在火灾现场中也不会有那么多无辜的生命因挤踏而死亡……。

类似的教训还有许多。如果相关责任人能见微知著，提前排查出安全隐患，并及时消除，完全能够避免事故的发生。

为了加强对火灾隐患的排除，国家已经制定了相关的法律法规来对火灾进行界定。《消防监督检查规定》第十八条规定：公安消防机构在消防监督检查时发现具有下列情形之一的，应当确定为火灾隐患。

第一，影响人员安全疏散或者灭火救援行动，不能立即改正的；

第二，消防设施不完好，会影响防火灭火功能的；

第三，擅自改变防火分区，容易导致火势蔓延、扩大的；

第四，在人员密集场所违反消防安全规定，使用、储存易燃易爆化学物品，不能立即改正的；

第五，不符合城市消防安全布局要求、影响公共安全的。

以下几方面方面情形，且情况严重，可能导致重大人员伤亡或者重大财产损失的，确定为重大火灾隐患。

1. 建筑物方面

建筑选址不当，布局不合理，防火间距不足；建筑物结构、耐火等级、层数、面积与使用性质不相适应，违反或不符合有关消防技术规范，易引发火灾爆炸，却未采取相应措施或设置不当；安全出口数目不足、疏散宽度过小、距离过远、通道堵塞。

2. 物资储运方面

物资存放过密、过多，超过额定库存量，防火间距不足，无检查通道，通风不良，易受潮、蓄热；易燃易爆化学物品储存、运输和包装方法不符合防火灭火要求；露天堆场地点选择不当，堵塞消防车通道，大储量的堆场未分组布置，堆垛过高，缺少必要的防火间距，如造纸原料堆场等。

3. 电气设备方面

建筑物、储罐、堆场的消防用电设备不按照国家有关规定选择相应的消防供电负荷等级；不按环境选择导线和铺设方式，截面与负荷量不相适应，电气线路乱拉乱接，导线破损等；照明灯具与使用场所不相适应，或与可燃物相邻；配电盘材质与使用环境不符，接线零乱，导线选型不符合要求；用电设备安装使用不合要求，选型与使用场所不相适应，缺乏安全装置。

4. 消防安全防护方面

应设围墙、防火墙、防火门、防火卷帘门、防火窗以及封闭、防烟楼梯间等的场所而未设置，或者违章改变防火分区，防火门、防火卷帘、防火阀等防火分隔设施缺少、损坏或有故障；疏散指示缺少、损坏或者标志错误，影响人员安全撤离；易燃易爆物质的生产、储存设备与建（构）筑物等应设置安全装置（如火星熄灭器、安全阀等）而未设置；应安装导除静电装置的设备而未安装或失灵；应有避雷设施的场所，未安装或失效；电器产品、燃气用具的安装或者线路、管路的铺设不符合安全技术规定，都会危及消防安全。

5. 明火作业方面

火源或热源，靠近可燃物体或其他可燃物质；在明火作业场所存放易燃物质，未清除或者采取安全防护措施的情况下，进行明火作业；在具有火灾、爆炸危险的场所违反禁令吸烟、使用明火的；电能、光能、机械能、化学能等可转化为热能的场所，未采取相应的消防安全技术措施，易引起火灾爆炸事故。

6. 消防器材设施方面

消防水源、消火栓、消防水泵缺乏或者损坏；按照有关消防技术规范，应当设置火灾自动报警、自动灭火等自动消防设施，而没有按照要求安装，或者已经安装但是却发生了故障、缺损，不能正常运行；消防器材缺乏，配备的数量及其性能与使用场所虽然互相适应，但是其放置的位置不适当或者已经损坏；室外消防设施被埋压、圈占、损坏而使其使用受到影响。

7. 生产、储存、运输设备方面

设备达不到设计要求，密封或承压性能差，出现设备变形、破裂，或"跑、冒、滴、漏"；设备受腐蚀、机械力作用破坏；选用设备与使用介质不符。

8. 人员安排方面

重点单位、部位或场所，应建立消防安全组织和配备专职消防人员而未建立或未配备；未按要求建立防火安全规章制度和操作规程或不健全不落实；重点单位消防设施管理值班人员或消防安全巡查人员脱岗；重点工种、特殊岗位人员未经消防培训上岗操作；管理不善，违反消防安全规定。

对于可预见性的安全隐患，一旦发现问题，一定要及时消除，从根本上消除火灾发生的可能性，从而减少火灾的发生。

做好火灾的预防工作就要从我们身边的一点一滴做起，无论任何场所都要加强防火意识，切实落实防火措施。

二、家庭火灾的预防

为了给自己和亲人营造一个安全的家，人们应该主动消除家中的各种火灾隐患，平时在使用明火时要时刻注意防火，做到不躺在沙发或床上吸烟，不随便乱扔未熄灭的烟头；吸剩的烟头一定要放在烟灰缸里，而且烟灰缸要经常清理；点燃的蜡烛不能放在可燃物上，更不能点着蜡烛就离开家；火柴、打火机等东西应放在儿童够不着的地方，平时应给孩子讲解防火知识，教育孩子不要玩火；在使用蚊香或蜡烛时，要放在非燃烧物的专用支架上，不得靠近蚊帐、床单、衣服等可燃物，防止因风吹而相互接触引起燃烧，人离开时要将蚊香或蜡烛熄灭。

第五章　火灾的防范

我国每年春节期间火灾频发，其中，80%以上的火灾事故是由燃放烟花爆竹所引起。防止烟花爆竹引发火灾也非常重要。

购买烟花爆竹时，要到指定商店去购买有生产厂名、商标、燃放说明的产品。不在禁放烟花爆竹区燃放烟花爆竹。不在电线下面、工厂、仓库、公共场所、易燃房屋、建筑工地、草堆、粮囤、加油站及其他重要场所内燃放，也不能在窗口、阳台、室内燃放。燃放升高的烟花爆竹要注意落地情况，如落在可燃物上，并仍有余火，应立即采取措施将余火扑灭。小孩不要单独燃放升空烟花爆竹，要有大人在旁看管指教。不携带烟花爆竹乘坐汽车、火车、飞机、轮船等。买回家的烟花爆竹应存放在安全地点，不要靠近灯泡、热源、电源，以防自行燃烧、爆炸。

还要懂得安全用电和安全用气。安全用电主要涉及家用电器的使用及线路的维护。要时常检查家中的各种电器和线路，杜绝电气火灾。电暖器、取暖炉等要远离家具、电线、电器设备等；睡觉前或家中无人时，要切断电视机、收录机、电风扇等家用电器的电源；接通电烙铁的电源后，人员不要离开；不要把衣物、纸张等易燃物品靠近电灯、电暖气和炉火等；如果发现墙上电闸盒保险丝熔断、灯光闪烁、电视图像不稳、电源插座发烫、开关或电源插座冒火星等，要立即请电工进行检查修理，因为这些迹象都说明可能是电气线路超负荷或是配线有误；电插座、开关附近也不要堆放可燃、易燃物品。另外，买回新的电器之后，应认真阅读使用说明书，正确使用电器。晚上睡觉前，特别是离家外出时间较长时，如旅游、走亲访友等，应检查电视机、电暖器、微波炉等电器开关是否已切断。及时清理电视机、空调、电冰箱等各种家用电器散热板上的灰尘，防止灰尘积聚，堵住散热孔引发事故。各种电器的安全接地保护也很重要。只要平时注意检查各种电器及线路的使用状态，发现隐患及时处理，就能有效地降低家庭电气火灾的危险。

安全用气主要是管理好厨房燃气和灶具,杜绝厨房火灾。多数家庭火灾发生在厨房,做饭时人尽量不要离开,灶具开着时不能长时间无人看管;不要把食品、毛巾、抹布等放在灶具上;烧水做饭时注意不要让溢出物浇灭炉火;要经常清除炉具上的油污和溢出的食物;学会用锅盖或大盘子扑灭较小的油火,千万不要往油火上泼水;教育孩子不要随便摆弄燃气灶具;燃气灶具冒出的火星会引燃汽油、油漆、干洗剂等挥发出的气体,应避免把这些东西放在厨房内,更不要把它们放在炉具上;晚上睡觉或者白天出门前,一定要检查炉灶,关好燃气开关,以免燃气泄漏发生火灾和爆炸。

防止家庭火灾还要把好装修关,杜绝火灾隐患。居民装修过程中必须把好五关:一是严把材料关,尽量不用或少用易燃、可燃材料,尽量采用经过防火处理的材料;二是把好通道关,保持方便快捷的通道;三是把好电气线路关,做好绝缘保护;四是把好施工队伍关,确保施工人员素质;五是把好施工中的管理关,避免火灾隐患。

三、加油站火灾的预防

汽油在运输、装卸、储存和灌装的过程中很容易发生泄漏现象,一旦遇到明火,很容易发生火灾爆炸事故。所以,加油站的安全操作和管理工作非常重要,防火工作一定要按照以下规定进行。

(1) 严格按照国家有关消防规范的要求和规定做好建设初期的选址、防火间距等工作,使其远离人员集中的场所、商业区、居民区等。站内各种不同类型设施(如加油机、储油罐、管理室等)的设置以及各设施之间的防火间距应满足标准的规定。

(2) 做好防爆、防静电工作。汽油在装卸、灌装等过程中易产生静电，在进行油品的各种作业过程中一定要做好防静电工作，避免因静电火花引起的火灾或爆炸。

（3）制定各项安全操作规程和防火制度，做好职位的岗前培训和灭火演练工作。加油站内的各项安全操作规定应该完备并且得到切实地执行。站内职工在上岗前必须经过专门的培训，熟知油品的燃烧和爆炸特性，熟练地掌握汽油的安全操作程序和相关的消防知识，并且应当定期地进行灭火操练。

（4）严格控制各种火源，切实提高站内工作人员和外来加油人员的防火意识。应在醒目的地方设置防火标志，并定期检查站内各种设施的安全情况，确保做到万无一失。

（5）各加油站必须配备相应的消防设备，并定期检查，发现问题应及时送交有关部门修理或重新罐装。

四、液化石油气火灾预防

液化石油气的防火措施和加油站类似，也必须按照国家有关消防规范的要求和规定做好建设初期的选址、防火间距等工作，使其远离人员集中的场所、商业区、居民区等。站内各种不同类型设施的设置以及各设施之间的防火间距应满足标准的规定。做好防爆、防静电工作。对工作人员进行岗前培训，熟知油品的安全操作程序和相关的消防知识，并定期进行灭火操练。在醒目的地方设置防火标志，并定期检查站内各种设施的安全情况，同时，还要提高站内工作人员和外来加油人员的防火意识。

五、公众聚集场所火灾的预防

虽然公众聚集场所一直是我国公安消防机构关注的重点，但群死群伤火灾事故总是防不胜防。针对前面提到的公众聚集场所火灾危险性的特点，可以采取下列火灾预防措施。

（1）公众聚集场所建筑物设计必须满足相应的建筑设计防

火规范的规定，建筑物内防火分区的划分、火灾自动报警系统、室内消火栓、自动灭火系统、防排烟系统、应急疏散、广播系统以及其他消防设施的配置一定要通过公安消防机构验收，坚决不能"欠账"，并一定要确保各疏散通道的畅通无阻。

（2）公众聚集场所装修材料应满足消防法规的标准，装修时，禁止使用易燃材料。在装修前，应报公安消防机构审查，不能图方便或者为便于管理而私改原建筑设计、拆除原消防设施或者阻碍其使用，更不能减少堵塞建筑物的疏散通道，影响人员疏散。建筑物业主应严格按照用电安全标准在建筑内铺设线路，使用电气。

（3）公众聚集场所业主应提高自己和员工的消防意识，严格按照有关建筑防火设计规范的要求进行施工，并在投入使用之前请有关公安消防机构对其消防设施进行验收。不私拆、不乱搭、不心存侥幸，并定期组织自己的员工进行消防逃生演练，提高他们应对紧急情况的能力。

六、山林火灾的预防

山林是国家和集体的宝贵财富，一旦发生火灾，损失巨大。造成山林火灾的原因主要有两种。一是自然火源；二是人为因素，其中，以人为因素居多。要防止山林火灾的发生，首先要杜绝人为火种，要严格遵守山林管理的规章制度，不准在山林地区吸烟、野炊和举行篝火晚会等活动。其次，也要采取一定的保障措施，如在山林周围设置一定宽度的隔离带，防止汽车漏气、扔烟头等引起的火灾。再次，要及时山林内的采伐剩余物进行清除，山林采伐可能会将大量的剩余物堆放或散落在林内，这样可燃物的积累就会越来越多，不及时清除，极易引起火灾。

第三节　火灾的扑救与自救

一、火灾的扑救

1. 尽早通知他人和报警

具体地说就是发现火情后，即使火不大，也不要1个人或1家人来灭火，而应尽快通知他人，这一点很重要。因为火灾的突发、多变等特性导致火势随时会扩大或蔓延。尽早通知别人，一方面可以唤起别人的警惕，及时采取措施；另一方面，还可以寻求他人的帮助，更有利于尽快将火扑灭。通知他人时，应该大声呼喊"着火啦"，如果因紧张喊不出声音，可以拍打水壶、碗盆等可发出"嘭嘭"响的东西，以引起别人的注意。

除了通知他人以外，还应及时报警，火再小也要报警。因为火势的发展往往是不可预知的，不同的火源应采取不同的扑救方法。如果我们的扑救方法不当或灭火器材有限等都有可能酿成无法控制的火灾。所以，必须及时报警。不过，如果你正忙于初期灭火，可以让其他人去报警。

中华人民共和国《消防法》第32条明确规定：任何人发现火灾时，都应立即报警。任何单位、个人都应当无偿为报警提供便利，不得阻拦报警。严禁谎报火警。所以，一旦失火，要立即报警，报警越早，损失越小。我们国家的火警电话是"119"。拨打"119"时要沉着、冷静，电话接通后，首先应询问对方是不是消防指挥中心，得到肯定答复后方可报警。

在没有电话或没有消防队的地方，如农村和边远地区，可采用敲锣、吹哨、喊话等方式向四周报警，动员街坊四邻来灭火。

2. 火灾初期灭火

我们知道火灾初期，火势较小，火只是在地面等横向蔓延，这时是灭火的最佳时机。据日本消防专家研究统计，初期灭火能否成功，关键就看着火后的前3分钟。火焰一旦蔓延到纵向表面，就会很快到达顶棚，那时就不能再扑救了，而应尽快逃生。因此，在发生火灾的3分钟内重要的是不要惧怕火焰，要勇敢、沉着地进行灭火。

灭火，顾名思义就是破坏燃烧条件使燃烧反应终止的过程。其基本原理归纳为以下4个方面：冷却、窒息、隔离和化学抑制。

（1）冷却灭火。对一般可燃物来说，能够持续燃烧的条件之一就是它们在火焰或热的作用下达到了各自的着火温度。因此，对一般可燃物火灾，将可燃物冷却到其燃点或闪点以下，燃烧反应就会中止。水的灭火机理主要是冷却作用。

（2）窒息灭火。各种可燃物的燃烧都必须在其最低氧气浓度以上进行，否则燃烧不能持续进行。因此，通过降低燃烧物周围的氧气浓度可以起到灭火的作用。通常使用的二氧化碳、氮气、水蒸气等的灭火机理主要是窒息作用。

（3）隔离灭火。把可燃物与引火源或氧气隔离开来，燃烧反应就会自动中止。火灾中，关闭有关阀门，切断流向着火区的可燃气体和液体的通道；打开有关阀门，使已经发生燃烧的容器或受到火势威胁的容器中的液体可燃物通过管道导致安全区域，都是十分有效的隔离灭火的措施。

（4）化学抑制灭火。所谓化学抑制灭火，就是使用灭火剂与链式反应的中间体自由基反应，从而使燃烧的链式反应中断，使燃烧不能持续进行。常用的干粉灭火剂、卤代烷灭火剂的主要灭火机理就是化学抑制作用。

3. 学会用灭火器灭火

发生火灾时，要尽快利用身边的灭火工具进行灭火。如果身旁有灭火器，应该用灭火器灭火。灭火器是迅速快捷消灭火灾的

第五章 火灾的防范

有效武器。配置灭火器,一是可以及时扑灭初期火灾,只要灭火及时、方法正确,一般都可以将火扑灭。二是可以争取有利时机,予以疏散、逃生,不至于小火酿成大灾。用灭火器灭火时,不是将灭火药剂喷在正在燃烧的火焰上,而是要瞄准火源。由于各类灭火器的规格不同,灭火喷射时间也不一样,一般只有10~40秒。所以,开始灭火时就要瞄准方向,不要被向上燃烧的火焰和烟气所迷惑,而应对准燃烧物,用灭火器扫射。

二、火灾的逃生

1. 保持冷静,切勿慌乱

发生火灾后,情况往往比较危急,许多人都来不及思考,加上环境的混乱,非常容易在火海中乱走乱转,从而延误逃生的最佳时机。因此,这就要求我们要了解和熟悉我们经常或临时所处建筑物的消防安全环境。对我们通常工作或居住的建筑物,事先可制订较为详细的火灾逃生自救计划以及进行必要的逃生训练和演练。对确定的逃生出口、路线和方法,要让所有成员都熟悉,而且必须要掌握。必要时,可把确定的逃生出口和路线绘制成图,张贴在明显的位置,以便平时大家了解和熟悉,一旦发生火灾,则按逃生计划顺利逃出火场。当人们外出,走进商场、宾馆、酒楼、歌舞厅等公共场所时,要留心看一看太平门、安全出口、灭火器的位置,以便遇到火灾时能及时疏散和灭火。只有警钟长鸣,养成习惯,才能处险不惊,临危不乱。

火灾的发展和蔓延比较迅速,超乎人们的想象,面对越来越凶猛的火势,一定要保持冷静,保持头脑清晰,以便在最短的时间做出正确的判断。在烈火和浓烟的环境中,受困者往往会表现出高度紧张、极度恐惧和急切求生的心理和行为。火场中的惊慌状态,往往使人不能自控,失去理智,导致判断失误、报警不及时、逃生方式不合理等,有人甚至因惊吓而死亡。对受困者来说，烈火不是最强大的敌人，真正强大的敌人是受困者本人的惊慌。因此，在火灾现场保持镇静，克服恐惧心理，用理智来支配自己的行为，就显得特别重要。可以说，只有保持理智才可能求生有望。在产生惊慌时，可采用自我暗示法，如反复默念"我要冷静""我要冷静""我有办法逃出去"等，以此来缓解紧张情绪，然后对火场情况作出准确判断，选择正确的方法逃生自救。

2. 积极逃生，迅速撤离

发生火灾后，一定要迅速撤离火灾场所。逃生行为是争分夺秒的行动，哪怕一分之差也可能会丧失逃生的机会。一旦听到火灾警报或意识到自己可能被烟火包围，千万不要迟疑，要立即跑出房间，设法脱险，切不可延误逃生良机。火情瞬息万变，哪怕一分一秒，有时也会决定生与死。在火场中，人的生命是最珍贵的，时间就是生命，逃生是第一要务，要就近利用一切可以利用的工具、物品，想方设法迅速撤离火灾危险区。

3. 注意防烟，切莫哭闹

发生火灾后，容易产生烟雾，影响我们逃离的视线，很难辨明方向，而且吸入烟气过多还容易产生窒息，从而导致死亡。因此，当火灾发生时，在已准确判断火情的前提下，必须冷静机智地运用各种防烟手段进行防护，想尽办法冲出烟火区域。

火场上烟气都具有较高的温度，所以，安全通道的上方，烟气浓度大于下部，特别是贴近地面处烟气浓度最低。疏散中穿过烟气弥漫区域时，以低姿行进为好。例如，弯腰、蹲姿、爬姿等。剧烈的运动可增大肺活量，当采取猛跑方式通过烟雾区时，不但会增大烟气等毒性气体的吸入量，而且容易产生由于视线不清所致的碰壁、跌倒等事故。因此，通过烟雾区不宜采用速度过快的方式。

值得注意的是在烟气弥漫能见度极差的环境中逃生疏散，应低姿细心搜寻安全疏散指示标志和安全门的闪光标志，按其指引

第五章 火灾的防范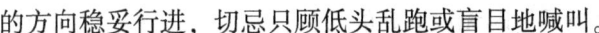

的方向稳妥行进，切忌只顾低头乱跑或盲目地喊叫。

当必须通过烟火封锁区域时，应用水将全身淋湿，衣服裹头，湿毛巾或手帕掩口鼻或在喷雾水枪掩护下迅速穿过。

4. 寻找出口，切勿盲从

在寻找出口的时候，切忌盲目跟随他人乱跑，否则，不仅会造成疏散堵塞，还有可能会被踩压或走进死胡同，造成疏散延误和群死群伤。

5. 善于观察，灵活出逃

在出逃过程中可能因为火势浓烟的阻挡，容易造成通路封锁的现象，这时候不要坐以待毙，要谨慎观察，利用各种地形、设施选择各种比较安全的办法下楼。首先是通过正常楼梯下楼，如果没有起火，或火势不大，可以裹上一件雨衣（尼龙、塑料禁用）、用水浸湿的毯子、棉被包裹全身后，快速从楼梯冲下去。如果楼梯脱险已不可能，可利用墙外排水管下滑，或用绳子顺绳而下，2楼、3楼可将棉被、席梦思垫等扔到窗外，然后跳在这些垫子上。跳楼时，可先爬到窗外，双手拉住窗台，再跳。这样可降低高度，还可保持头朝上体位，减少内脏，特别是头颅损伤。

6. 设法暂避，紧急求救

在无路可逃的情况下，应积极寻找暂时的避难处所，以保护自己，并择机而逃。如果在综合性多功能大型建筑物内，可利用设在走廊末端以及卫生间附近的避难间，躲避烟火的危害。如果处在没有避难间的建筑里，被困人员应创造避难场所与烈火搏斗，求得生存。首先，应关紧房间迎火的门窗，打开背火的门窗，但不要打碎玻璃。窗外有烟进来时，要赶紧把窗子关上。如门窗缝或其他孔洞有烟进来时，要用毛巾、床单等物品堵住，或挂上湿棉被、湿毛毯、湿床单等难燃物品，并不断向迎火的门窗及遮挡物上洒水，最后淋湿房间内一切可燃物，一直坚持到火灾熄灭。被烟火围困暂时无法逃离的人员，应尽量待在阳台、窗口等易于被人发现和能避免烟火近身的地方，主动与外界联系，以便极早获救。

7. 谨慎跳楼，减轻伤亡

身处火灾烟气中的人，精神上往往陷于极端恐怖和接近崩溃的状态，惊慌的心理极易导致不顾一切的伤害性行为，如跳楼逃生。应该注意的是，只有消防队员准备好救生气垫并指挥跳楼时或楼层不高（一般4层以下），非跳楼即烧死的情况下，才采取跳楼的方法。即使已没有任何退路，若生命还未受到严重威胁，也要冷静地等待消防人员的救援。另外，跳楼也要讲技巧，跳楼时应尽量往救生气垫中部跳或选择有水池、软雨篷、草地等方向跳；如有可能，要尽量抱些棉被、沙发垫等松软物品或打开大雨伞跳下，以减缓冲击力。如果徒手跳楼一定要扒窗台或阳台使身体自然下垂跳下，以尽量降低垂直距离，落地前要双手抱紧头部身体弯曲卷成一团，以减少伤害。

三、火场自救

1. 借助工具进行自救

学会利用一些逃生工具进行自救。最简单的逃生工具莫过于湿毛巾。一块普通的毛巾，也许看来没有什么大用，但是一旦发生火灾，它的作用不可估量，可给我们的出逃提供重要条件，甚至可以因此扭转生机。

湿毛巾可以作为"空气呼吸器"。湿毛巾在火场中过滤烟雾的效果极佳。含水量在自重3倍以下的普通湿毛巾，如折叠8层，烟雾消除率可达60%，如折叠16层，则可达90%以上。

湿毛巾还可以做"简易灭火器"。液化气钢瓶口、胶管、灶具或煤气管道失控泄漏起火，可将湿毛巾盖住起火部位，然后关闭阀门，即可化险为夷。如遇小面积失火时，用湿毛巾覆盖火苗，便可窒息灭火。

湿毛巾也是"密封条"。当火场中无路可逃时，如有避难房间可躲避烟雾威胁，为防止高温烟火从门窗缝或其他孔洞进入房间，可用湿毛巾或床单等物堵塞缝隙或孔洞，并不断向靠近烟火的门窗及遮挡物洒水降温，以延长门窗被烧穿的时间。

湿毛巾同样可以作为"救助信号"。被困在火场中的人员在窗口挥动颜色鲜艳的毛巾，可引起救援人员的注意。

湿毛巾同样可以作为"保护层"。在火场中搬运灼热的液化气钢瓶等物体时，为避免烫伤，可垫上1条湿毛巾再搬运。结绳自救时，为防止下滑过程中绳索摩擦发热灼伤手掌，在手掌上缠1条湿毛巾便可安然无恙。

可见，不管是什么工具，只要我们学会利用，都会对我们的逃生提供很多的便利。

2. 火灾自救的方法

当大火降临时，在众多被火围困的人员中，有的人命赴黄泉，有的人跳楼造成终生残疾，也有人化险为夷，死里逃生。这虽然与起火时间、地点、火势大小、建筑物内消防设施等因素有关，但还要看被火围困的人员，在灾难临头时有没有自救逃生的本领。

（1）熟悉环境法。要了解和熟悉我们经常或临时所处建筑物的消防安全环境。对我们通常工作或居住的建筑物，事先可制订较为详细的火灾逃生自救计划以及进行必要的逃生训练和演练。对那些已经确定了的逃生出口、路线和方法，要让所有成员都将其熟悉掌握。必要时，可以把确定的逃生出口和路线绘制成图，张贴在明显的位置，以便平时大家熟悉，一旦发生火灾，则可以按逃生计划顺利逃出火场。当人们外出，走进商场、宾馆、酒楼、歌舞厅等公共场所时，要留心看一看太平门、安全出口、灭火器的位置，以便遇到火灾时能及时疏散和灭火。只有警钟长鸣，养成习惯，才能处险不惊，临危不乱。

（2）迅速撤离法。逃生行动是争分夺秒的行动，一旦听到火灾警报或意识到自己可能被烟火包围，千万不要迟疑，要立即跑出房间，设法脱险，切不可延误逃生良机。

（3）毛巾保护法。火灾中产生的一氧化碳在空气中的含量超过1.28%时，即可导致人在1~3分钟内窒息死亡。同时，燃烧中产生的热空气被人吸入，会严重灼伤呼吸系统的软组织，严重的甚至可以导致人员窒息死亡。逃生的人员多数要经过充满浓烟的路线才能离开危险的区域，可把毛巾浸湿，叠起来捂住口鼻，如果来不及把毛巾弄湿，用干毛巾也可以达到过滤烟气的效果。身边如没有毛巾，餐巾布、口罩、衣服也可以代替，要多叠几层，使滤烟面积增大，将口鼻捂严。穿越烟雾区时，即使感到呼吸困难，也不能将毛巾从口鼻上拿开。

（4）通道疏散法。楼房着火时，应根据火势情况，优先选用最便捷、最安全的通道和疏散设施，如疏散楼梯、消防电梯、室外疏散楼梯等。从浓烟弥漫的建筑物通道向外逃生，可向头部、身上浇些凉水，用湿衣服、湿床单、湿毛毯等将身体裹好，要低势行进或匍匐爬行，穿过险区。如无其他救生器材时，可考虑利用建筑的窗户、阳台、屋顶、避雷线、落水管等脱险。

（5）低层跳离法。如果被火困在2层楼内，若无条件采取其他自救方法并得不到救助，在烟火威胁、万不得已的情况下，也可以跳楼逃生。但在跳楼之前，应先向地面扔些棉被、枕头、床垫、大衣等柔软物品，以便"软着陆"。然后用手扒住窗台，身体下垂，头上脚下，自然下滑，以缩小跳落高度，并使双脚首先落在柔软物上。如果被烟火围困在3层以上的高层内，千万不要急于跳楼，因为距地面太高，往下跳时容易造成重伤和死亡。只要有一线生机，就不要冒险跳楼。

（6）绳索滑行法。当各通道全部被浓烟烈火封锁时，可利

第五章 火灾的防范

用结实的绳子，或将窗帘、床单、被褥等撕成条，拧成绳，用水沾湿，然后将其拴在牢固的暖气管道、窗框、床架上，被困人员逐个顺绳索沿墙缓慢滑到地面或下到未着火的楼层而脱离险境。

（7）借助器材法。人们处在火灾中，生命危在旦夕，不到最后一刻，谁也不会放弃生命，一定要竭尽所能设法逃生。逃生和救人的器材设施种类较多，通常使用的有缓降器、救生袋、救生网、救生气垫、救生软梯、救生滑竿、救生滑台、导向绳、救生舷梯，等等，如果能充分利用这些器材和设施，就可以在火海中成功自救逃生。

第六章 养殖业重大病害防控

第一节 非洲猪瘟

一、概述

非洲猪瘟是由非洲猪瘟病毒引起的猪的一种急性、热性、高度接触性动物传染病,以高热、网状内皮系统出血和高死亡率为特征。世界动物卫生组织将其列为法定报告动物疫病,我国将其列为一类动物疫病。非洲猪瘟主要通过接触非洲猪瘟病毒感染猪或非洲猪瘟病毒污染物(泔水、饲料、垫草、车辆等)传播,消化道和呼吸道是最主要的感染途径;也可经钝缘软蜱等媒介昆虫叮咬传播。

二、临床症状

非洲猪瘟的临床症状分为最急性、急性、亚急性、慢性等4类。

最急性:无明显临床症状突然死亡。

急性:急性非洲猪瘟的表现形式为发热综合征,其皮肤表面有红斑、发绀。脏器功能受损,尤其是消化系统,患病猪只可能出现呕吐、便血等症状。死亡前 1~2 天可出现食欲废绝、身体发绀发紫、共济失调。怀孕母猪流产。剖检主要可见脾脏充血肿大、器官出血,尤其以内脏淋巴结出血最为显著(图6-1)。

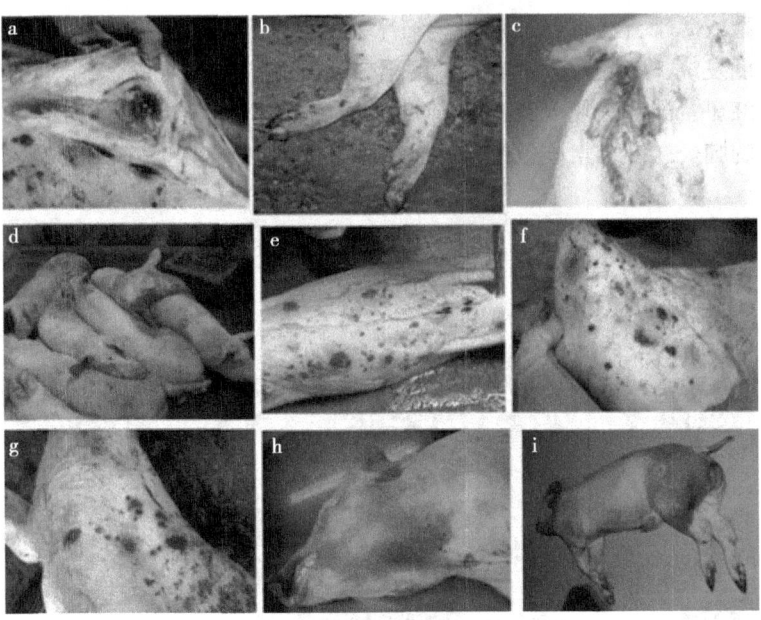

图 6-1 急性非洲猪瘟病毒的临床症状

a. 皮肤表面出现坏死；b. 肢蹄皮下出现血肿；
c. 消化道出血粪便发黑；d. 发烧，缩成一团；
e. 腹部皮肤坏死病变；f. 耳朵皮肤出现坏死；g. 颈部皮肤坏死病变；
h、i. 在颈部四肢有出血性渗出和明显的充血（红色）区域

亚急性：症状与急性相同，但病情较轻，病死率较低。多数猪只在 7~20 天死亡，主要表现形式为稽留热或不规则热，发烧最长可持续 20 天。致死率 30%~70% 不等。幸存猪只可在 1 个月后恢复，临床症状与急性型的临床症状相似，除较为明显的血管病变外，主要表现出血和水肿、发烧、食欲缺乏。关节因积液和因纤维化而肿胀，行走时出现疼痛。

慢性：慢性非洲猪瘟通常死亡率低于 30%。长期存在 ASFV 的国家，如西班牙、葡萄牙和安哥拉，已有该类型的报道。慢性

型或源于自然致弱的病毒。临床症状为感染后 14~21 天开始轻度发烧，伴随呼吸困难和中度至重度关节肿胀。通常还出现皮肤红斑、凸起、坏死，剖检肺部有干酪样坏死（局部有钙化灶）的肺炎、纤维素心包炎；淋巴结肿大局部出血。（图 6-2）

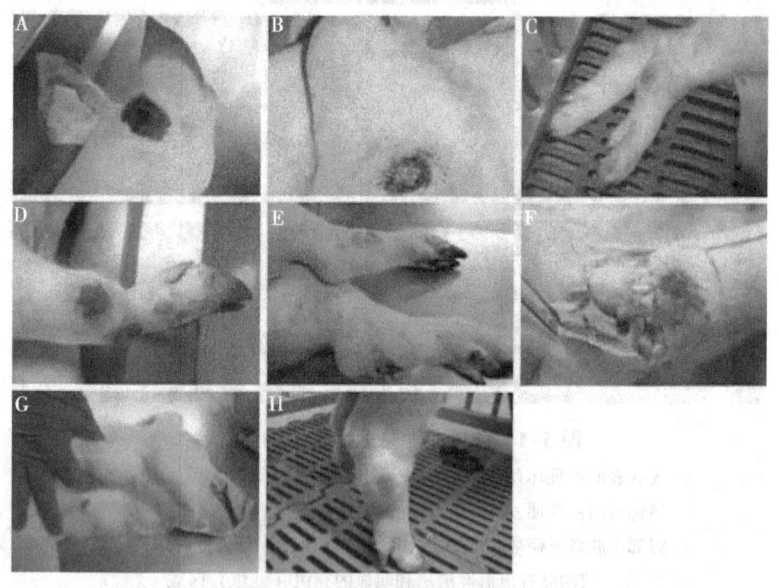

图 6-2　慢性非洲猪瘟临床表现

A-F. 中度至重度关节肿胀，经常伴随皮肤红斑、突起和坏死；
G. 额外的剖检发现伴有淋巴结肿大；
H. 伴有干酪样坏死和矿化的肺脏炎症

三、病理变化

浆膜表面充血、出血，肾脏、肺脏表面有出血点，心内膜和心外膜有大量出血点，胃、肠道黏膜弥漫性出血。胆囊、膀胱出血。肺脏肿大，切面流出泡沫性液体，气管内有血性泡沫样黏

第六章 养殖业重大病害防控

液。脾脏肿大，易碎，呈暗红色至黑色，表面有出血点，边缘钝网，有时出现边缘梗死。颌下淋巴结、腹腔淋巴结肿大，严重出血。

四、防治措施

目前尚无有效疫苗，但高温、消毒剂可以有效杀灭病毒，所以，做好养殖场生物安全防护，提升猪自身免疫力是防控非洲猪瘟的关键。

非洲猪瘟消毒技术如下。

1. 药品种类

最有效的消毒药是10%的苯及苯酚、去污剂、次氯酸、碱类及戊二醛。碱类（氢氧化钠、氢氧化钾等）、氯化物和酚化合物适用于建筑物、木质结构、水泥表面、车辆和相关设施设备消毒。酒精和碘化物适用于人员消毒。

2. 场地及设施设备消毒

（1）消毒前准备。消毒前必须清除有机物、污物、粪便、饲料、垫料等。选择合适的消毒药品。备有喷雾器、火焰喷射枪、消毒车辆、消毒防护用具（如口罩、手套、防护靴等）、消毒容器等。

（2）消毒方法。对金属设施设备的消毒，可采取火焰、熏蒸和冲洗等方式消毒。对圈舍、车辆、屠宰加工、贮藏等场所，可采用消毒液清洗、喷洒等方式消毒。对养殖场（户）的饲料、垫料，可采取堆积发酵或焚烧等方式处理，对粪便等污物作化学处理后采用深埋、堆积发酵或焚烧等方式处理。对疫区范围内办公、饲养人员的宿舍、公共食堂等场所，可采用喷洒方式消毒。对消毒产生的污水应进行无害化处理。

（3）人员及物品消毒。饲养管理人员可采取淋浴消毒。对衣、帽、鞋等可能被污染的物品，可采取消毒液浸泡、高压灭菌等方式消毒。

（4）消毒频率。疫点每天消毒3~5次，连续7天，之后每天消毒1次，持续消毒15天；疫区临时消毒站做好出入车辆人员消毒工作，直至解除封锁。

第二节 猪 瘟

一、概述

猪瘟俗称"烂肠瘟"，是由黄病毒科猪瘟病毒属的猪瘟病毒引起的一种急性、发热、接触性传染传染病，具有高度传染性和致死性。仅猪发病，不同品种、性别、年龄的猪都可感染，经消化道感染，怀孕母猪可通过胎盘感染胎儿，造成死胎弱胎。猪群受传染后，先1头或几头发病并呈急性死亡，以后病猪不断增加。1~3周达到流行高峰，经1个月左右流行终止。

二、临床症状

最急性型：病猪常无明显症状，突然死亡，一般出现在初发病地区和猪瘟流行初期。

急性型：病猪精神差，发热，体温在40~42℃，呈现稽留热，喜卧、弓背、寒战及行走摇晃。食欲减退或废绝，喜欢饮水，有的发生呕吐。结膜发炎，流脓性分泌物，将上下眼睑粘住，不能张开，鼻流脓性鼻液。初期便秘，干硬的粪球表面附有大量白色的肠黏液，后期腹泻，粪便恶臭，带有黏液或血液，病猪的鼻端、耳后根、腹部及四肢内侧的皮肤及齿龈、唇内、肛门等处黏膜出现针尖状出血点，指压不退色，腹股沟淋巴结肿大。公猪包皮发炎，阴鞘积尿，用手挤压时有恶臭浑浊液体射出。小猪可出现神经症状，表现磨牙、后退、转圈、强直、侧卧及游泳状，甚至昏迷等。

慢性型：多由急性型转变而来，体温时高时低，食欲缺乏，便秘与腹泻交替出现，逐渐消瘦、贫血、衰弱，被毛粗乱，行走时两后肢摇晃无力，行走不稳。有些病猪的耳尖、尾端和四肢下部成蓝紫色或坏死、脱落，病程可长达1个月以上，最后衰弱死亡，死亡率极高（图6-3）。

图6-3　慢性型病猪——消瘦贫血

温和型：又称非典型，主要发生较多的是断奶后的仔猪及架子猪，表现症状轻微，不典型，病情缓和，病理变化不明显，病程较长体温稽留在40℃左右，皮肤无出血小点，但有淤血和坏死，食欲时好时坏，粪便时干时稀，病猪十分瘦弱，致死率较高，也有耐过的，但生长发育严重受阻。

三、病理变化

皮肤、黏膜和内脏器官广泛出血，腹腔淋巴结明显充血肿大呈暗红色，切面多汁，呈大理石样，肾、膀胱、脾脏表现有出血点，喉头有出血点，慢性在回肠、盲肠、结肠处黏膜上有纽扣状溃疡。

四、防治措施

防治猪瘟目前尚无特效药物。

本病防治主要靠免疫接种和综合防治措施。免疫接种可采用超前免疫方案,即在仔猪吃初乳前进行首次接种1~2头份,以后在20日龄、60~65日龄各注射1次;种猪每年春秋各免疫1次。发生疫情后,对疫区和受威胁区采用紧急接种,剂量增加至2~5头份。综合性防治措施,主要是采取自繁、自养,保持环境卫生。

第三节 猪口蹄疫

一、概述

猪、牛、羊等偶蹄动物均可发病,人也能被感染,潜伏期为1~2天,人感染后潜伏期可长达1年以上,病猪和带毒猪是主要传染源,病毒存在于病猪的水疱液、水疱皮及发热期的血液中,通过直接或间断接触感染,经消化道、呼吸道、破损的皮肤、黏膜以及交配等途径传染,被污染的饲料、饮水、用具及蚊虫叮咬也可传播,流行迅速,新疫区发病率可高达100%,无明显季节性,但以冬、春季节多发。

二、临床症状

初期体温升高到40~41℃,减食或停食,继而病猪蹄冠、趾间部发红,以后形成黄豆、蚕豆大小充满灰白色或黄色液体的水疱,水疱破溃后形成暗红色烂斑,病程为1周左右,无继发感染可康复,若继发细菌感染,则会出现局部化脓性坏死,蹄甲脱落。有些猪感染后鼻镜、口腔黏膜和乳房也出现水疱和烂斑。仔猪感染后,常因严重的心肌炎和胃肠炎而死亡(图6-4)。

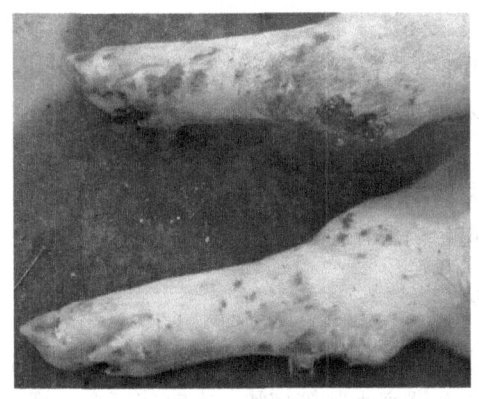

图 6-4 病猪蹄冠出血

三、病理变化

主要见于蹄冠、趾间、鼻盘、口角发生水疱或糜烂。仔猪的心肌脂肪变性，切面呈大理石样，俗称"虎斑心"。

四、防治措施

老疫区和受威胁区可用灭活疫苗预防，肌肉或后海穴注射，注射深度大猪2cm，小猪1cm。平时要加强检疫，发现疫情及时上报。按国家《中华人民共和国动物防疫法》规定，病猪和同群猪一律扑杀做无害化处理，不准治疗，并严格封锁疫区，加强消毒，防止扩散。

第四节 高致病性猪蓝耳病

一、概述

高致病性猪蓝耳病是由高致病性猪蓝耳病病毒变异毒株引起

的一种急性高致死性疫病，不是人畜共患病。一旦发病，仔猪发病率可达100%，死亡率可达50%，母猪流产率可达30%以上，育肥猪也可发病。本病是一种高度接触性传染病，呈地方流行性。在2006年夏秋之季，我国部分地区开始发生疫情。本病主要以猪发病急、发病率高、传播迅速、治疗效果差、死亡率较高为特点，严重影响畜牧业的健康发展。

二、临床症状

高致病性猪蓝耳病主要表现是发烧，体温骤然上升，同时伴有呼吸困难以及器官水肿等症状。有时猪还会出现心跳加快、食欲缺乏等症状，还可能伴随拉稀便秘的问题。该病的传播速度是非常快的，并且致死性也比较高。对怀孕的母猪还会出现繁殖障碍，例如，造成早产、流产、死胎等情况的发生。高致病性猪蓝耳病的主要原因是病原通过猪的呼吸道侵入到猪的体内影响了猪自身的气体交换，呼吸道感染，因此，通常患病的猪都会表现出呼吸异常，严重的还会出现皮肤出血、充血等。

三、病理变化

可见脾脏边缘或表面出现梗死灶，显微镜下见出血性梗死；肾脏呈土黄色，表面可见针尖至小米粒大出血点斑，皮下、扁桃体、心脏、膀胱、肝脏和肠道均可见出血点和出血斑。显微镜下见肾间质性炎，心脏、肝脏和膀胱出血性、渗出性炎等病变；部分病例可见胃肠道出血、溃疡、坏死。

四、防治措施

1. 控制养殖源头

养殖场想要有效的控制病毒的传播首先应该从源头进行控制，在生产繁殖上尽量采用自繁自养的方式，严禁从该疾疫区或养殖场引进生猪。在将猪群转出之后应该对养殖圈舍进行严格的消毒处理，并且在新的猪种的引进时一定要保证猪种的健康，对新引进的猪种在进行一定时间的观察确认健康之后，再进行混养。

2. 执行严格的消毒制度

高致病性猪蓝耳病的传染性是非常高的，病毒的散播方式通常是有猪的粪便尿液等进行，所以，应该严格按照相关规定对猪舍进行消毒处理，严禁给猪喂食发霉变质的饲料，对生猪的粪便尿液等要及时进行清理，并做好无害化处理工作。

3. 妥善安置病死猪

对发病的病死猪不能随意地丢弃，更不能进行贩卖处理，一定要将其做好严格的防疫工作，降低其扩散的可能，定期的参与养殖疫病的防治工作，不断的提高养殖人员的技术水平以及防疫意识。

4. 提高养殖水平

目前生猪的养殖水平参差不平，应当建立规模化、现代化、标准化的养殖场管理模式，不断的提高养殖人员的自身养殖素质，一旦发现疾病有传播的可能及时处理，将疾病扼杀在萌芽之中。如果在养殖场有非工作人员出入一定要做好严格的消毒处理，保证养殖环境的干净整洁。

第五节 羊布病

一、概述

羊布病是指羊布鲁氏菌病，是目前禽畜范围内较为普遍的传染性病症，除了流行和为害性大之外，在妊娠母畜患病期间，会在分娩胎儿或流产时带出大批布鲁氏菌，从而成为传染源，不仅

会造成其他禽畜染病，甚至还会造成人类感染。

二、临床症状

羊患有布鲁氏菌病时，潜伏期时间并不绝对，通常为7~21天不等，当然在临床诊断中也有出现超过数月甚至1年的个例，在病畜感染的过程中，症状为隐性感染，在症状方面羊与其他禽畜相一致。在早期，临床症状中，羊会表现出体温升高，还会出现结膜炎以及流产、关节炎、睾丸炎等。母羊在患病后会发生流产，同时，出现精神萎靡，乳房肿胀等症状。

三、病理变化

羊在发病的过程中，各个组织器官会由于布鲁氏菌病所产生的代谢产物促使敏感性增高，从而在毒素不断流入血液的过程中，发生变态反应性改变。在病情刚刚爆发时，巨噬细胞和体液免疫功能表现正常，则会将布鲁氏菌清除，但布鲁氏菌一旦没有被彻底消灭，会导致布鲁氏菌所产生代谢产物和内毒素反复进入到血液当中，刺激机体，造成T淋巴细胞致敏，从而受到抗原约束，释放如巨噬细胞活性因子、趋化因子等淋巴因子，使单核细胞发生浸润，形成变态反应性炎症，出现慢性病变。

四、防治措施

1. 注重科学的饲养管理，建立可靠的消毒机制

在日常的饲养管理中，应对羊圈舍进行定期清扫，并做好消毒工作。将粪便置于合理的区域，采用发酵处理方式进行处理。圈舍地面用漂白粉、石灰乳或火碱溶液消毒，对羊可采用3%来苏尔和百毒杀等进行喷雾消毒。

2. 加大布鲁氏菌病的宣传力度

为了减少布鲁氏菌病的为害，强化养殖户对该病的科学防控意识，应不断加大布鲁氏菌病的宣传力度，促使养殖户能够对该病有正确的认识，运用可靠的防控措施降低该病的发病率。

3. 加强家畜交易市场监管，做好疫情监测工作

家畜交易市场中检疫人员应对羊群的免疫证和登记册进行检查，存在问题的牲畜应及时处理。在羊群长距离运输中应对羊群的健康证和车辆消毒证等进行必要的检查，完善监督报告。同时，应加强疫情监测工作，对患布鲁氏菌病死亡的羊进行无害化处理，及时切断其传播途径，避免疫情影响范围的扩大。

第六节 小反刍兽疫

一、概述

小反刍兽疫又称羊瘟、小反刍兽瘟、反刍兽假性牛瘟、肺肠炎、口炎肺肠炎复合症，是由小反刍兽疫病毒引起的山羊、绵羊、野生小反刍兽的高度接触传染性疾病。小反刍兽疫病毒不感染人，不属于人畜共患病。世界动物卫生组织（OIE）将其列为必须报告的动物疫病，我国将其列为一类动物疫病，是《国家动物疫病中长期防治规划（2012—2020年）》明确规定重点防范的外来动物疫病之一。

二、临床症状

山羊临床症状比较典型，绵羊一般较轻微。根据症状可分为温和型、标准型和急性型。

温和型：症状轻微，发热，类似感冒症状。

标准型：发热，体温可达 40~41℃，持续 3~8 天，口鼻分泌物严重增加，腹泻严重，有时有口腔溃疡；有时表现支气管肺炎，类似羊支原体肺炎；怀孕母羊可发生流产。

急性型：较少发生，急性死亡，感染后 1~2 天死亡。

成年牛多呈亚临床感染，可产生抗体；犊牛在营养和环境差的情况下，偶有发病。

三、病理变化

口腔和鼻腔黏膜糜烂坏死；支气管肺炎，肺尖肺炎；可见坏死性或出血性肠炎，盲肠、结肠近端和直肠出现特征性条状充血、出血，呈斑马状条纹（图 6-5）；可见淋巴结特别是肠系膜淋巴结水肿，脾脏肿大并可出现坏死病变；组织学上可见肺部组织出现多核巨细胞以及细胞内嗜酸性包涵体。

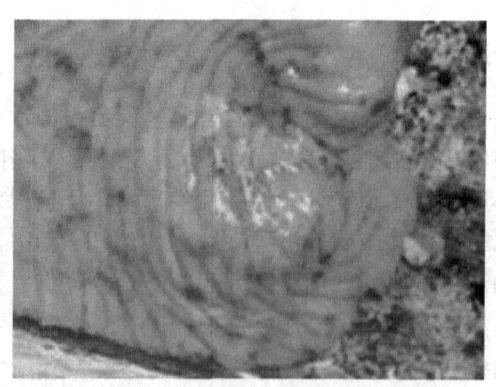

图 6-5　消化道出血性条纹—斑马条纹

四、防治措施

1. 防治措施

对本病尚无有效的治疗方法，发病初使用抗生素和磺胺类药物可对症治疗和预防继发感染。在本病的洁净国家和地区发现病例，应严密封锁，扑杀患羊，隔离消毒。对本病的防控主要靠疫苗免疫。

2. 预防措施

养殖场应在当地畜牧兽医部门指导下,建立健全防疫制度。做好日常饲养管理和消毒工作,外来人员和车辆进场前应彻底消毒。严格执行动物防疫有关法律法规,严禁从疫区引进羊只,对外来羊只,尤其是来源于活羊交易市场的羊调入后必须隔离观察30天以上,经临床诊断和血清学检查确认健康无病,方可混群饲养。发现可疑病例,要及时向当地兽医部门报告。

3. 疫情处置

养殖户发现疑似小反刍兽疫患病动物后,应立即隔离疑似患病动物,限制其移动,加强消毒,并立即向当地兽医主管部门或动物疫病预防控制机构报告。

确诊疫情后,应按《中华人民共和国动物防疫法》规定,采取紧急、强制性的应急处置措施,按照"早、快、严"的原则,坚决扑杀患病和同群动物、彻底消毒,严格封锁疫区、防止扩散,疫区及受威胁区的动物进行紧急预防接种。

第七节 高致性禽流感

一、概述

禽流感病毒可感染多种家禽和野生禽类,感染症状的严重程度受感染毒株的毒力影响。大部分禽流感病毒不具有致病性或呈现低毒性,仅能够导致呼吸道感染。只有少数 H5 和 H7 亚型具有高致病性,能够导致禽流感的暴发。本病可发生于四季,但冬春季节是高发季节、夏秋季节发病率低,气温骤变、冷刺激,营养不均衡能够诱发该病。

二、临床症状

禽流感的潜伏期短的几小时即可发病，时间长的可达几天，主要是取决于感染病毒的毒力。家禽的病理感染和环境因素影响可能导致呼吸道症状的发生，或表现为生殖系统和神经系统异常。临床症状通常表现为精神沉郁、嗜睡、体重减轻和产蛋率降低，同时，伴随呼吸道症状，如咳嗽、打喷嚏。患病鸡流眼泪、羽毛杂乱。面部肿胀、皮肤肿胀，神经症状以及腹泻。以上临床症状可能只发生 1 种，也可能几种症状同时出现，部分患病鸡在没有临床症状时就突然死亡。

三、病理变化

禽流感的病理变化受鸡的品种和感染病毒的毒力影响，流感具有发病率高、病死率低、致病性强的特点，病死鸡的急性死亡率最高，无明显病变。心包积水、心包膜点状或横纹肌坏死。消化道的改变表现为胃黏膜下出血，十二指肠、盲肠、扁桃体环状出血，泄殖腔出血，肝脾肾出血。呼吸道有大量炎性分泌物或黄白色囊肿样物质。胸腺出血、萎缩。母鸡卵泡充血，严重时卵泡破裂，卵黄散在腹腔内，形成卵黄性腹膜炎。腹腔腹膜炎伴浆液性黏液，输卵管水肿及充血。

四、防治措施

对于高致病性禽流感以扑杀为主，禁止使用药物治疗。

1. 扑杀患病鸡群

扑杀患病鸡群是一种广泛应用的禽流感防治方法，其基本策略主要包括早期诊断、界定疫区、严格封锁、杀灭所有受感染禽类、彻底消毒等，以防止禽流感的传播。疑似禽流感发生后，必须采取以下措施：首先，应及早诊断并严格隔离，以检测鸡群禽流感临床症状的可疑疾病；其次，进一步进行流行病学调查，确定鸡的发病率，发现鸡的发病年龄、临床症状、病死率、毒株毒力、传染病的传播等，并对病死鸡等解剖检查的变化进行研究，制定相应的防疫措施。

2. 免疫接种

禽流感病毒可以使鸡体免疫，相同亚型或同种毒株的病毒免疫可使鸡获得完全保护，因此，疫苗免疫是预防的有效途径。目前，我国对发生高致病性禽流感的地区采取扑杀和强制免疫相结合的方式，将疫区内的疫病范围集中在3km内，所有在5km内的禽类都要进行强制紧急免疫。对于疫区，要积极开展免疫工作，加强预防效果。免疫程序可以参考如下：种鸡开产前接种4次，开产后每3~4个月加强免疫1次。具体时间为：15日龄首免，采取颈部皮下注射的方式接种0.3~0.4mL；35日龄进行第2次免疫，肌肉注射0.5mL；80日龄进行第3次免疫，肌肉注射0.5mL；130日龄进行第4次免疫，肌肉注射0.5mL，加强免疫，每次肌肉注射0.5~0.6mL。商品肉鸡在2周龄时进行1次免疫0.3~0.4mL。对于养殖周期比较长的品种，在3周龄时首次免疫0.3~0.5mL，采取颈部皮下注射的方式，在10~12周龄时进行2次免疫0.5~0.6mL，采取肌肉注射的方式。

3. 加强饲养管理

要想从根本上预防禽流感，不仅要进行免疫接种，还应结合良好的饲养管理以及规范的消毒措施、受禽流感病毒感染的禽类、受污染的家禽设施、病禽的排泄物以及家禽饲养者的衣服和鞋子都能够携带禽流感病毒，造成传染病的流行。因此，应该对以上物料进行彻底消毒，杀灭其携带的病毒。针对被禽流感病毒污染的鸡舍和设施，使用清洁剂清除表面杂物，然后使用消毒剂进行消毒。对禽流感病毒有效的消毒剂包括次氯酸钠、漂白粉。消毒药物的使用必须按照使用说明，确定合适的浓度和用量，在保证消毒效果的同时，避免消毒剂对环境造成的污染。鸡舍内除了消毒以外，还应进行必要的灭虫，消灭蚊虫和蝇蛆。

第八节　鸡新城疫

一、概述

病原为鸡新城疫病毒，各种鸡都有易感性，鸡易感性最高，在鸡中幼雏及中雏较成年鸡为高，2年以上鸡感染性较低。从品种上看引进鸡较当地土种鸡易感性高；传染源是病鸡和带毒鸡。受感染鸡在未出现症状前一天就可排毒，病愈后的5~7天仍在排毒，有些鸟类可成为隐性带毒者；传播途径主要是呼吸道和消化道，也可经创伤、交配和孵化而传播，该病一年四季均可发生，但以春、秋两季多发。

二、临床症状

潜伏期为3~5天，根据临床表现可分为最急性、急性、亚急性和慢性。

最急性：仅见精神萎靡，常无特征症状而突然死亡，多见于流行初期和雏鸡。

急性：病初体温升高达43~44℃，食欲减退或废食，离群呆立，垂头缩颈，双翅下垂，打盹，鸡冠及肉垂为暗红色，继而咳嗽，呼吸困难，伸颈张口发出咕噜音，口角常流出大量黏液，嗉囊充满液体，倒提时常有大量具酸臭液体从口中流出。拉稀，粪便黄绿色和黄白色，后期粪便带血或蛋清样。

亚急性和慢性：初期症状与急性相似，但同时出现神经症状，腿、翅麻痹，跛行或站立不稳，头颈向后或向侧歪斜，呈观星姿势，或做转圈运动。

三、病理变化

全身黏膜、浆膜出血，以消化道表现明显，嗉囊充满具有酸臭味液体，腺胃黏膜水肿，乳头及乳头间有明显的出血点，或溃疡坏死，肌胃角质层下也常见出血点，小肠到盲肠黏膜有大小不等的出血点或溃疡。小鸡仅见胃肠黏膜卡他性炎症。

四、防治措施

该病无特效治疗药，主要靠预防接种。治疗上为控制继发感染，提高抵抗力，可用鸡瘟清片和黄连素口服。

第七章　农作物重大虫害防控

第一节　草地贪夜蛾防控技术

一、概述

草地贪夜蛾（又名秋黏虫）是联合国粮农组织发出全球预警的农业外来有害生物，主要为害玉米、甘蔗、高粱等作物。草地贪夜蛾起源于美洲热带和亚热带地区，具有适生区域广、迁飞速度快、繁殖能力强、防控难度大的特点。已在近100个国家发生，在发生国家曾造成20%~50%的损失，被国际农业和生物科学中心定为世界十大植物害虫之一。2019年1月，草地贪夜蛾从东南亚首次迁飞入侵我国云南省，快速向江南、江淮地区扩散蔓延，并进一步向北方地区扩散，对我国粮食及农业生产构成严重威胁。主要为害生长点，破坏性极强，可取食叶片，钻蛀心叶、茎秆、雄穗、花丝、雌穗、茎基部（图7-1）。

二、防控重点

云南、广西等省区周年繁殖区加强成虫诱杀、卵和幼虫防控，黄淮海夏玉米区及东北春玉米区加强迁飞成虫监测和防治。

图 7-1 草地贪夜蛾为害玉米状

三、主要技术措施

1. 生态调控及天敌保护利用

有条件的地区可与非禾本科作物间作套种,保护农田自然环境中的寄生性和捕食性天敌,发挥生物多样性的自然控制优势,形成生态阻截带。

2. 成虫诱杀技术

杀成虫主要是减少排卵和繁殖,杀 1 头成虫可减少 1 000 头幼虫。成虫发生期,集中连片使用杀虫灯诱杀,可搭配性诱剂和食诱剂提升防治效果。

3. 幼虫防治技术

幼虫是主要为害阶段。抓住低龄幼虫的防控最佳时期,施药时间最好选择在清晨或者傍晚,注意喷洒在玉米心叶、雄穗和雌穗等部位。

(1) 生物防治。在卵孵化初期选择喷施白僵菌、绿僵菌、苏云金杆菌制剂以及多杀菌素、苦参碱、印楝素等生物农药。

（2）应急防治。玉米田虫口密度达到10头/百株时，可选用防控夜蛾科害虫的高效低毒的杀虫剂喷雾防治（联合国粮农组织防控草地贪夜蛾指导手册及国外登记防控该害虫的化学农药有氯虫苯甲酰胺、氟氯氰菊酯、溴氰虫酰胺等）。

第二节　草地螟防控技术

一、概述

草地螟以幼虫为害，是一种突发性很强的害虫，具有迁移能力较强，集中为害，暴发性强、迅速扩散等特点。草地螟属鳞翅目螟蛾科，别名甜菜网螟、黄绿条螟。我国主要分布区在东北、西北和华北。根据观察研究，发现在我国东北地区大面积发生的草地螟源于中蒙边境及蒙古国东部地区，具有间隔10~13年周期性暴发成灾的特点。草地螟为害范围较广，据统计，能够对35科200余种植物造成为害，其中，主要会对玉米、豌豆、大豆、高粱、马铃薯、瓜类等造成为害（图7-2）。

二、防控重点

1. 幼虫重点防控区域

内蒙古自治区鄂尔多斯市和兴安盟，宁夏回族自治区石嘴山市，吉林省松原市，河北省北部和黑龙江、辽宁省等区域。

2. 越冬代成虫重点防控区域

内蒙古自治区鄂尔多斯市和兴安盟、宁夏回族自治区石嘴山市、吉林省松原市、新疆维吾尔自治区阿勒泰地区、河北省北部、辽宁省、黑龙江省等北方部分农区及农牧交错区。

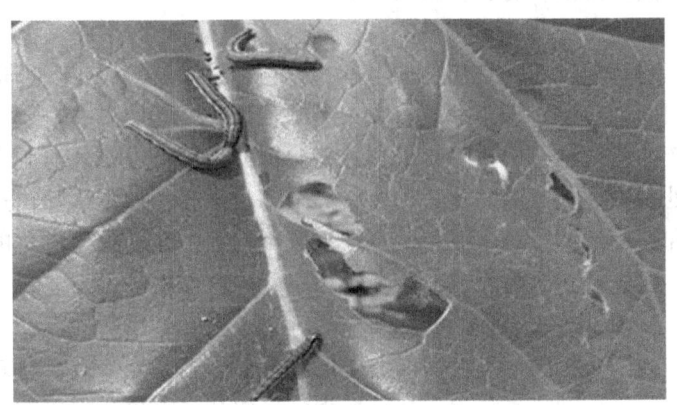

图 7-2 草地螟为害状

三、主要技术措施

1. 生态调控技术

对越冬区,实行秋耕冬灌春耙,破坏越冬场所。种植荞麦、糜、黍等草地螟非喜食作物实行生态控制。

2. 灯光诱杀成虫技术

在草地螟越冬代成虫重点发生区和外来虫源降落地,提前安装杀虫灯等物理诱杀工具,及时诱杀草地螟成虫,减少虫源基数。灯应安置在视线开阔,周围无遮挡物的地方;在种植豆类、向日葵、苜蓿等蜜源植物较丰富的场所,安灯高度以灯底高出周围主要作物顶部 20cm 为宜。

3. 挖沟阻隔和喷施药带阻止幼虫迁移技术

草地螟严重发生区域,防止幼虫从草原、荒地、林带等交界处以及退化草场向农田迁移,在未受害或田内幼虫量少的地块和某些幼虫龄期较大虫量集中为害的地块,实行挖沟、打药带、立膜阻隔的方法，防止扩散为害。

4. 中耕除草灭卵技术

对草地螟非喜食作物如禾本科作物和马铃薯等，于产卵前除净田间杂草。对于草地螟喜食性作物如麻类、豆类、向日葵等，于产卵盛期结合中耕除草灭卵，将除掉的杂草带出田外沤肥或集中处理。要注意清除藜科和蓼科等杂草，同时，注意清除田边地埂和夹荒地的杂草，以免幼虫迁入农田为害。在幼虫已孵化的田块，要先打药，后除草，避免幼虫集中向农作物转移为害。

5. 药剂防治技术

3龄幼虫前（卵始盛期后10天左右）选用苦参碱、高效氯氰菊酯等药剂喷雾防治。严重发生区采取药带隔离和应急防治集中歼灭，及时挑治幼虫分布不均匀的地块，注意对田边、地头、撂荒地幼虫的防治。

第三节 黏虫防控技术

一、概述

黏虫，又称剃枝虫、行军虫，俗称五彩虫、麦蚕，是一种主要以小麦、玉米、高粱、水稻等粮食作物和牧草的杂多食性、迁移性、间歇暴发性害虫（图7-3）。

二、防控重点

4—5月在江淮麦区重点防控1代黏虫，6—8月在东北、华北、黄淮的玉米，西南的玉米和水稻田重点防控2~3代黏虫。要突出早查早治，抓住幼虫3龄暴食为害前的防治关键期，集中连片普治重发生区。

图7-3 黏虫为害状

三、主要技术措施

1. 成虫诱杀技术

(1) 性诱剂。用配置黏虫性诱剂的干式飞蛾诱捕器,每亩1个插杆挂在田间。

(2) 杀虫灯。成虫发生期,田间安置杀虫灯,灯间距100m,20:00至次日5:00开灯。集中连片使用防效显著。

2. 幼虫防治技术

及时清除田边杂草,幼虫3龄之前施药防治。

(1) 生物农药。在黏虫卵孵化初期喷施苏云金杆菌(Bt)制剂,注意临近桑园的田块不能使用,低龄幼虫可用灭幼脲。

(2) 化学农药。当小麦或水稻田虫口密度达20头/m^2以上、玉米田虫口密度2代达30头/百株和3代50头/百株以上时,可用甲维盐、氯虫苯甲酰胺、高效氯氟氰菊酯等杀虫剂喷雾防治,水稻田杜绝使用拟除虫菊酯类农药。

第四节　蝗虫防控技术

一、概述

蝗虫,俗称"蚂蚱",全世界有超过10 000种,我国有1 000余种。蝗虫分布于全世界的热带、温带的草地和沙漠地区。蝗虫主要包括飞蝗和土蝗。在我国飞蝗有东亚飞蝗、亚洲飞蝗和西藏飞蝗3种,其中,东亚飞蝗在我国分布范围最广,为害最严重,是造成我国蝗灾的最主要飞蝗种类,主要为害禾本科植物,是农业害虫(图7-4)。

图7-4　蝗虫为害状

二、防控重点

1. 东亚飞蝗

重点防治区域为环渤海湾蝗区、黄河中下游部分滩区、华北、黄淮湖库区及华南、海南局部蝗区。

2. 亚洲飞蝗

重点防治区域为新疆维吾尔自治区阿勒泰、塔城、伊犁州和阿克苏等地农区，黑龙江省、吉林省苇塘湿地以及中哈边境地区。

3. 西藏飞蝗

重点防治区域为四川省、西藏自治区、青海省的金沙江、雅砻江、雅鲁藏布江等河谷地带。

4. 农区土蝗

重点防治区域为内蒙古自治区、新疆维吾尔自治区天山北部和东部，河北省北部、山西省北部、吉林省和辽宁省西部、黑龙江省中西部、湖南省、广东省北部等地区。

三、主要技术措施

1. 生物防治技术

主要在中低密度发生区（飞蝗密度在 5 头/m² 以下和土蝗密度在 20 头/m² 以下）、湖库及水源保护区、自然保护区，使用蝗虫微孢子虫、杀蝗绿僵菌、苦参碱、印楝素等微生物农药或植物源农药防治，在新疆维吾尔自治区等农牧交错区，可采取牧鸡牧鸭、招引粉红椋鸟等进行防治。使用杀蝗绿僵菌防治时，可进行飞机超低容量喷雾或大型植保器械喷雾。使用蝗虫微孢子虫防治时，可单独使用或与昆虫蜕皮抑制剂混合进行防治。

2. 生态控制技术

沿海蝗区主要推广生物多样性控制技术，采取蓄水育苇和种植苜蓿、紫穗槐、香花槐、棉花、冬枣等蝗虫非喜食植物，改造蝗虫孳生地，压缩发生面积；滨湖和内涝蝗区结合水位调节，采取造塘养鱼或上粮下鱼、上果下鱼模式，改造生态条件，抑制蝗虫发生；河泛蝗区实行沟渠路林网化，改善滩区生产条件，吸引保护蝗虫天敌，嫩滩和二滩区搞好垦荒种植和精耕细作，或利用滩区牧草资源，开发饲草种植和畜牧养殖，减少蝗虫孳生环境，降低其暴发频率；川藏西藏飞蝗发生区可种植沙棘，改造蝗虫滋生环境。在土蝗常年重发区，可通过垦荒种植、减少撂荒地面积，春秋深耕细耙（耕深10~20cm）等措施破坏土蝗产卵适生环境，压低虫源基数，减轻发生程度。

3. 化学药剂防治技术

主要在高密度发生区（飞蝗密度5头/m^2以上，土蝗密度在20头/m^2以上）采取化学应急防治。可选用马拉硫磷、高氯·马、阿维·三唑磷、吡虫啉等农药。在集中连片面积大于500 hm^2以上的区域，提倡进行飞机防治，推广GPS飞机导航精准施药技术和航空喷洒作业监管与计量系统，监控作业质量，确保防治效果。在集中连片面积低于500hm^2的区域，可组织植保专业化防治组织使用大型施药器械开展防治。重点推广超低容量喷雾技术，在芦苇、甘蔗、玉米等高秆作物田以及发生环境复杂区，重点推广烟雾机防治，应选在清晨或傍晚进行。

第五节　水稻重大病虫害防控技术

一、防控重点

按照水稻栽培类型和病虫主攻对象，分为华南稻区、长江中下游稻区、西南稻区、黄淮稻区、北方稻区。

(1) 华南稻区。包括广东、广西壮族自治区、福建、海南等省区传统双季稻种植区,以稻飞虱、稻纵卷叶螟、二化螟、稻瘟病、纹枯病、稻曲病、南方水稻黑条矮缩病为重点,密切关注锯齿叶矮缩病、白叶枯病、三化螟、稻瘿蚊、稻蓟马。

(2) 长江中下游稻区。包括湖南、江西、湖北、安徽、江苏、浙江、上海等省市单双季稻混栽区和单季稻种植区,以二化螟、稻飞虱、稻纵卷叶螟、纹枯病、稻瘟病、稻曲病、南方水稻黑条矮缩病、条纹叶枯病为重点,密切关注稻蓟马、大螟、稻秆潜蝇、黑条矮缩病、恶苗病、细菌性基腐病、穗腐病。

(3) 西南稻区。包括云南、贵州、四川、重庆、陕西等省单季稻种植区,以稻瘟病、纹枯病、稻曲病、稻飞虱、二化螟、稻纵卷叶螟、南方水稻黑条矮缩病为重点,密切关注黏虫、白叶枯病、穗腐病。

(4) 北方稻区。包括黑龙江、吉林、辽宁、河北、天津、内蒙古自治区、宁夏回族自治区等省区单季粳稻种植区,以二化螟、稻瘟病、纹枯病、恶苗病为重点,密切关注稻曲病、稻潜叶蝇、穗腐病、赤枯病、稻飞虱。

(5) 黄淮稻区。包括江苏、安徽、河南、山东等省单季粳稻种植区,以稻瘟病、纹枯病、稻曲病、黑条矮缩病、二化螟、稻飞虱、稻纵卷叶螟为重点,密切关注条纹叶枯病、穗腐病。

二、主推技术措施

各稻区病虫害防治优先采用农业、生物、物理、生态等非化防技术措施,减少病虫害发生基数,突出种子处理、带药移栽、破口抽穗期保护等预防性措施,辅以合理用药控制为害。

1. 非药剂预防技术

(1) 选用抗(耐)性品种。选用抗(耐)稻瘟病、稻曲病、白叶枯病、条纹叶枯病、褐飞虱、白背飞虱的水稻品种,避免种植高（易）感品种。

（2）农艺措施。

①翻耕灌水灭蛹：利用螟虫化蛹期抗逆性弱的特点，在越冬代螟虫化蛹期统一翻耕冬闲田、绿肥田，灌深水浸没稻桩 7~10 天，降低虫源基数。

②健身栽培：加强水肥管理，适时晒田，避免重施、偏施、迟施氮肥，增施磷钾肥，提高水稻抗逆性。

③清洁田园：稻飞虱终年繁殖区晚稻收割后立即翻耕，减少再生稻、落谷稻等冬季病毒寄主植物。

（3）生态控制。

①生态工程控害：田埂保留禾本科杂草，为天敌提供过渡寄主；田埂种植芝麻、大豆等显花植物，保护和提高蜘蛛、寄生蜂、黑肩绿盲蝽等天敌的控害能力。田边种植香根草等诱集植物，减少二化螟和大螟的种群基数。

②合理品种布局：利用不同遗传背景的水稻品种进行合理布局预防稻瘟病。

（4）性信息素诱杀。在各代次二化螟，尤其是越冬代二化螟始蛾期集中连片使用性诱剂，通过群集诱杀或干扰交配来控制害虫基数。选用持效期 2 个月以上的诱芯和干式飞蛾诱捕器，平均每亩放置 1 个，放置高度以水稻分蘖期距地面 50cm、穗期高于植株顶端 10cm 为宜。

（5）稻螟赤眼蜂控害。二化螟、稻纵卷叶螟蛾始盛期释放稻螟赤眼蜂，每代放蜂 2~3 次，间隔 3~5 天，每次放蜂 10 000 头/亩。每亩均匀放置 5~8 个点，放蜂高度以分蘖期蜂卡放置高于植株顶端 5~20cm、穗期低于植株顶端 5~10cm 为适宜。

（6）稻鸭共育。水稻分蘖初期，将 15~20 天的雏鸭放入稻田，每亩放鸭 10~30 只，水稻齐穗时收鸭。通过鸭子的取食活动，减轻纹枯病、稻飞虱、福寿螺和杂草等病虫草的为害。

(7) 物理阻隔育秧。在水稻秧苗期，采用20~40目防虫网或无纺布全程覆盖，阻隔稻飞虱及其传播的病毒病。

2. 药剂防治技术

基于非药剂预防技术的基础上，在病虫害防治关键时期开展药剂防治，药剂防治遵循以下4个原则：一是普及种子处理和带药移栽技术。采用咪鲜胺、氰烯菌酯种子处理预防恶苗病和稻瘟病；吡虫啉等种子处理剂拌种或浸种预防秧苗期稻飞虱、稻蓟马及飞虱传播的南方水稻黑条矮缩病、锯齿叶矮缩病、条纹叶枯病和黑条矮缩病等病毒病；赤·吲乙·芸薹、芸薹素内酯、毒氟磷种子处理或苗期喷雾，培育壮秧。秧苗带药移栽，预防螟虫、稻瘟病、稻蓟马、稻飞虱及其传播的病毒病。二是根据试验示范结果和抗药性水平，选择适合本地的高效、生态友好型药剂，提倡不同作用机理药剂合理轮用与混配，避免长期、单一使用同一药剂。三是注重施药技术，提高防治效果。应避开高温和强光照时段施药。用足水量，常量喷雾亩喷水量不少于15kg，水稻生长后期应加大用水量。四是严格按照农药使用操作规程，遵守农药安全间隔期，确保稻米质量安全。各病虫害药剂防治技术关键点如下。

(1) 稻飞虱。华南、西南、长江中下游稻区重点防治褐飞虱和白背飞虱；黄淮稻区重点防治白背飞虱、灰飞虱。药剂防治重点在水稻生长中后期，孕穗抽穗期百丛虫量1 000头、穗期百丛虫量1 500头时，对准稻丛基部喷雾。

(2) 稻纵卷叶螟。生物农药防治适期为卵孵化始盛期至低龄幼虫高峰期。化学药剂防治指标为分蘖期百丛水稻束叶尖150个，穗期百丛水稻束叶尖60个。

(3) 螟虫。防治二化螟，分蘖期于枯鞘丛率达到8%~10%或枯鞘株率3%时施药，穗期于卵孵化高峰期重点防治上代残虫量大、当代螟卵盛孵期与水稻破口抽穗期相吻合的稻田；防治三化螟,在水稻破口抽穗初期施药,重点防治每亩卵块数达到40块的稻田。

(4)稻瘟病。分蘖期田间初见病斑时施药控制叶瘟,破口前3~5天施药预防穗瘟,气候适宜病害流行时7天后第2次施药。

(5)纹枯病。关键时期为水稻分蘖末期封行后和穗期病丛率达到20%时。

(6)稻曲病。在水稻破口前7~10天(水稻叶枕平时)施药预防,如遇多雨天气,7天后第2次施药。

(7)病毒病。含南方水稻黑条矮缩病、锯齿叶矮缩病、黑条矮缩病、条纹叶枯病,主要在秧田和本田初期带毒稻飞虱迁入时及时防治。注意防治前作麦田、田边杂草。

3. 建议用药品种

防治二化螟、大螟,虫量较低时优先采用苏云金杆菌(Bt.)、短稳杆菌,化学药剂可选用氯虫苯甲酰胺、甲氨基阿维菌素苯甲酸盐、杀虫单。防治稻飞虱,种子处理和带药移栽应用吡虫啉、噻虫嗪(不选用吡蚜酮,延缓其抗性发展);喷雾选用醚菊酯、烯啶虫胺、吡蚜酮、呋虫胺。防治稻纵卷叶螟,优先选用苏云金杆菌、甘蓝夜蛾NPV、球孢白僵菌、短稳杆菌等生物农药,化学药剂可选用氯虫苯甲酰胺、四氯虫酰胺、氰氟虫腙、丙溴磷等。防治稻瘟病,采用枯草芽孢杆菌、多抗霉素或春雷霉素等生物农药及三环唑、丙硫唑、咪铜·氟环唑等化学药剂。防治纹枯病、稻曲病,采用井冈·蜡芽菌、井冈霉素A(24% A高含量制剂)、申嗪霉素等生物药剂和苯甲·丙环唑、氟环唑、咪铜·氟环唑、烯肟·戊唑醇等化学药剂。预防细菌性基腐病、白叶枯病选用噻霉酮、噻唑锌。预防病毒病,选用毒氟磷、宁南霉素。

第七章　农作物重大虫害防控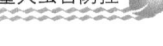

第六节　小麦重大病虫害防控技术

一、防控重点

1. 分区防控重点

（1）华北麦区。主要包括除东北、西北以外的部分北部冬麦区，即河北省长城以南，山西省中部和东南部，北京、天津两市。其中，山西省、河北省中南部麦区以麦蚜、麦蜘蛛、吸浆虫为主，兼顾条锈病、赤霉病；其他麦区以麦蚜、吸浆虫为主，兼顾麦蜘蛛、叶锈病。

（2）黄淮麦区。主要包括山东省全部，河南省大部，河北省中南部，江苏及安徽两省淮北地区，陕西省关中平原地区，山西省西南部等。以赤霉病、条锈病、纹枯病、白粉病、麦蚜、吸浆虫、麦蜘蛛为主，兼顾叶锈病、黏虫。

（3）长江中下游麦区。包括江苏、安徽、湖北、湖南各省大部，上海市、浙江省全部以及河南省信阳地区。以赤霉病、条锈病、纹枯病、白粉病、麦蚜为重点，兼顾麦蜘蛛。

（4）西北麦区。主要包括甘肃省、宁夏回族自治区和内蒙古自治区西部及青海省东部部分地区。以小麦条锈病、吸浆虫为主，兼顾小麦白粉病、麦蚜、麦蜘蛛。

（5）西南麦区。包括贵州省、四川省、云南省大部，陕西省南部，甘肃省东南部以及湖北省西部。以小麦条锈病、白粉病为主，兼顾小麦赤霉病、麦蚜和麦蜘蛛。

2. 不同生育期主攻对象

要根据小麦不同生育阶段，明确主攻对象，统筹兼顾，进行混合用药，综合防治。小麦返青拔节期应以防治纹枯病、条锈病、茎基腐病为重点，挑治苗期蚜虫、白粉病和麦蜘蛛。抽穗扬花期以预防控制小麦赤霉病和吸浆虫为主，兼顾叶锈病、白粉病。后期加强麦蚜防控，实施综合用药，达到一喷多效。小麦生长全过程，严密监测和及时防治小麦条锈病，防止大面积流行为害。

（1）小麦赤霉病。长江中下游和黄淮等常年病害流行区，要在加强健身栽培的基础上，把握小麦抽穗扬花关键时期，见花打药，主动预防，遏制病害流行。对高感品种，在小麦抽穗至扬花期，如天气预报未来2天有阴雨、露水和多雾天气，首次施药时间应提前至破口抽穗期。药剂品种可选用氰烯菌酯、咪鲜胺、戊唑醇、多菌灵、福美双、甲基硫菌灵、烯肟·多菌灵、烯肟·戊唑醇、肟菌·戊唑醇、枯草芽孢杆菌、井冈·腊芽菌等，要用足药液量，施药后3~6小时遇雨，雨后应及时补治。如遇病害严重流行，第一次防治结束后，需隔5~7天再喷药1~2次，以确保控制效果。对多菌灵产生高水平抗性地区，应停止使用苯丙咪唑类药剂，提倡轮换用药和混合用药。赤霉病偶发区，可结合其他病虫防治，在抽穗扬花期实行兼治。

（2）小麦条锈病。加强病情监测，实施分区防治。西南、汉水流域和河南省南部、甘肃省陇南等主要冬繁区，要封锁发病田块，全面落实"带药侦查、打点保面"预防措施，减少菌源外传，阻止向黄淮和华北麦区扩散蔓延，减轻晚熟冬麦及春麦区流行风险。黄淮春季流行区，落实"发现一点，防治一片"的防治策略，及时控制发病中心；当田间平均病叶率达到0.5%~1%时，组织开展大面积应急防控，并且做到同类区域防治全覆盖。防治药剂可选用三唑酮、烯唑醇、戊唑醇、氟环唑、已唑醇、丙环唑、醚菌酯、吡唑醚菌酯、嘧啶核苷类抗生素、烯肟·戊唑醇等。

（3）小麦纹枯病和白粉病。小麦返青至拔节初期，当纹枯病病株率达10%左右时，进行喷雾防治。药剂可选用戊唑醇、丙环唑、烯唑醇、井冈霉素 A（选用高含量制剂）、多抗霉素、木真菌、井冈·蜡芽菌等。当白粉病病叶率达到 10%时进行喷药防治。常用药剂有三唑酮、烯唑醇、腈菌唑、丙环唑、氟环唑、戊唑醇、咪鲜胺、醚菌酯、烯肟菌胺等。严重发生田，应隔 7~10 天再喷 1 次。要用足药液量，对准基部，均匀喷透，提高防治效果。

（4）小麦吸浆虫。高密度区应重点抓好中蛹期土壤处理和成虫期喷药防治等两个关键环节，一般发生区主要做好抽穗至扬花前的成虫防治。蛹期防治可在小麦孕穗期当每小方土样（10cm×10cm×20cm）有虫蛹 4 头以上时，选用辛硫磷、倍硫磷等制成毒土，顺麦垄均匀撒施，撒毒土后浇水效果更好。小麦抽穗期，当每 10 复网次有成虫 25 头以上，或用两手扒开麦垄，一眼能看到 2 头以上成虫时，抓紧选用辛硫磷、毒死蜱、高效氯氟氰菊酯、氯氟·吡虫啉等农药进行喷雾防治。重发区间隔 3 天连续用药 2 次，以确保效果。

（5）小麦蚜虫。当苗期蚜量达到百株 500 头以上时，应进行重点挑治。穗期田间百株蚜量达 1 000 头以上，益害比（天敌：蚜虫）低于 1∶150 时，可选用啶虫脒、吡虫啉、抗蚜威、高效氯氟氰菊酯、苦参碱、耳真菌等药剂喷雾防治。小麦穗期病虫害混合发生时，及时开展穗期综合防治。有条件的地区，提倡释放蚜茧蜂进行生物控制；华北麦区等蚜虫迁入区可于 3 月中下旬，在田间放置黄色诱虫板诱杀迁入的有翅蚜，以降低虫口基数，减轻穗期为害。

（6）麦蜘蛛。在返青拔节期，当平均 33cm 行长螨量达 200 头以上时，可选用阿维菌素、联苯菊酯、马拉·辛硫磷、联苯·三唑磷等药剂喷雾防治，同时，可通过深耕、除草、增施肥料、灌水等农业措施进行控制。

二、主推技术措施

（1）小麦条锈病全程防控技术。采取"加强监测、及时防控，发现一点、控制一片，发现一片、控制全田"的技术措施。根据鄂西北、江汉平原及河南省南部条锈病冬前见病早、病点多、范围广、春季流行风险大的实际情况，该区域应全面开展专业化应急防控，严格控制病情，防止条锈病大面积暴发危害。

（2）小麦赤霉病预防技术。长江中下游及黄淮南部，密切关注抽穗扬花期天气预报，如天气预报未来2天有阴雨、露水和多雾天气，应于小麦扬花初期组织开展统防统治，做到见花打药，主动预防。

（3）穗期病虫综合防治技术。小麦抽穗至灌浆期是赤霉病、条锈病、白粉病、叶锈病、麦蚜、吸浆虫等多种病虫同时发生为害的关键期，可选用合适的杀菌剂、杀虫剂科学混用，综合施药，防病治虫，一喷多效。吸浆虫重发区，充分利用药剂持效期，适当前移防治时间，在成虫发生始盛期用药。

常用农药种类如下。

杀虫剂：吡虫啉、啶虫脒、吡蚜酮、噻虫嗪、溴氰菊酯、高效氯氟氰菊酯、高效氯氰菊酯、氰戊菊酯、敌敌畏、抗蚜威、阿维菌素、苦参碱等。其中，吡虫啉和啶虫脒不宜单一使用，要与低毒有机磷农药合理混配喷施。

杀菌剂：三唑酮、烯唑醇、戊唑醇、己唑醇、丙环唑、苯醚甲环唑、咪鲜胺、氟环唑、多菌灵、甲基硫菌灵、氰烯菌酯、蜡质芽孢杆菌、井冈霉素等。

第七节 玉米重大病虫害防控技术

一、防控重点

1. 不同区域防控重点

（1）北方春播玉米区。重点防控玉米螟、地下害虫、双斑萤叶甲、2~3代黏虫、大斑病、茎腐病、玉米线虫矮化病。

（2）黄淮海夏播玉米区。重点防控玉米螟、棉铃虫、2代黏虫、玉米蚜虫、二点委夜蛾、蓟马、茎腐病、南方锈病、褐斑病、小斑病。

（3）西南山地丘陵玉米区。重点防控玉米螟、第二代和第三代黏虫、纹枯病、大斑病、灰斑病。

（4）西北玉米区。重点防控地下害虫、玉米蚜虫、叶螨、双斑萤叶甲，甘肃、宁夏回族自治区等省区兼顾茎腐病和大斑病，新疆维吾尔自治区重点防控玉米螟和三点斑叶蝉。

2. 主要病虫防治技术措施

（1）地下害虫（蛴螬、金针虫、耕葵粉蚧等）。利用噻虫嗪、溴氰虫酰胺药剂复合包衣或拌种，可同时兼治苗期蓟马、蚜虫（矮花叶病传毒介体）、灰飞虱（粗缩病传毒介体）等。

（2）玉米螟。秸秆还田，减少虫源基数；春玉米区于春季越冬代化蛹前15天进行白僵菌封垛，防控越冬代幼虫；越冬代成虫羽化期使用杀虫灯结合性诱剂诱杀；成虫产卵初期释放赤眼蜂灭卵。在心叶末期喷洒苏云金杆菌（Bt）制剂，或用氯虫苯甲酰胺、噻虫嗪等药剂与甲维盐合理复配喷施，提高防治效果，兼治蚜虫和红蜘蛛等害虫。

（3）玉米茎腐病。种植抗病品种。利用咯菌腈·精甲霜悬浮种衣剂或苯醚甲环唑、戊唑醇等种衣剂处理种子，同时，控制丝黑穗病、根腐病等。玉米收获后，及时清除病田玉米病残体。

（4）玉米叶斑类病害。选用抗病品种，合理密植。适时追肥，提高植株抗病力。药剂防治提倡适期早用药，在玉米心叶末期（褐斑病在玉米 8~10 叶期），喷施苯醚甲环唑、烯唑醇、吡唑醚菌酯、井冈霉素 A 等药剂，视发病情况隔 7~10 天再喷 1 次。与芸苔素内酯等混用可提高防效，降低用药量。

（5）玉米纹枯病。选用抗耐病品种。发病初期可剥除茎基部发病叶鞘，结合喷施井冈霉素 A 等生物农药，或用菌核净、烯唑醇、代森锰锌等药剂防治效果更佳，视发病情况隔 7~10 天再喷 1 次。

（6）玉米蚜虫。点片发生和盛发初期喷施噻虫嗪、吡虫啉、啶虫脒、吡蚜酮等药剂。

（7）玉米叶螨。及时清除田边地头杂草，消灭早期叶螨栖息场所。点片发生时，选用哒螨灵、噻螨酮、克螨特、阿维菌素等喷雾或合理混配喷施，重点喷洒田块周边玉米植株中下部叶片背面，田边地头的杂草也要一同喷洒；加入尿素水、展着剂等可起到恢复叶片，提高防效的作用。

（8）棉铃虫。产卵初期释放螟黄赤眼蜂灭卵，或卵孵化盛期喷洒苏云金杆菌（Bt）制剂、甲维盐等。

（9）二点委夜蛾。深耕冬闲田，播前灭茬或清茬，清除玉米播种沟上的覆盖物。药剂防治可选用氯虫苯甲酰胺、高效氯氰菊酯和甲维盐等，可采用喷雾、毒饵诱杀和撒毒土等方式。

二、主推技术措施

（1）秸秆还田、深耕灭茬技术。采取秸秆粉碎还田、深耕冬闲田和播前灭茬，破坏病虫适生场所、压低病虫源基数。

（2）白僵菌封垛、诱杀成虫技术。北方春玉米区，在玉米螟化蛹前，采用白僵菌统一封垛；在玉米螟成虫羽化期，使用杀虫灯诱杀成虫，对越冬代成虫可结合性诱剂诱杀。

（3）种子处理技术。根据地下害虫、土传病害和苗期病虫害种类，选择适宜的杀虫剂和杀菌剂合理混配拌种，或实施种子统一包衣。采取技术统一、集中连片、整村推进，可提高防病治虫效果。

（4）苗期害虫防治技术。玉米苗期，根据第二代黏虫、蓟马、灰飞虱、甜菜夜蛾、棉铃虫的发生情况，选用甲维盐、氯虫苯甲酰胺等杀虫剂喷雾防治。使用烟嘧磺隆除草剂的地块，避免使用有机磷农药，以免发生药害。

（5）心叶末期病虫防治技术。心叶末期，统一喷洒苏云金杆菌（Bt）或白僵菌等生物制剂防治玉米螟幼虫；根据中后期叶斑病和玉米螟、棉铃虫、蚜虫等害虫的发生情况，混喷杀虫剂和杀菌剂，控制后期叶斑病和玉米螟、棉铃虫、蚜虫等病虫。推广使用高秆作物喷雾机和飞机喷药防治技术，提升中后期防控作业能力。

（6）赤眼蜂防螟技术。在玉米螟产卵初期至卵盛期，每亩放蜂1.5万~2万头，每亩设置3~5个释放点，分2~3次统一释放。不同地区应选用当地优势蜂种，提高防效。

第八节　棉花重大病虫害防控技术

一、防控重点

1. 分区域防控重点

（1）黄河流域棉区。包括河北、山东、河南、天津、山西和陕西等省棉区。重点防控棉盲蝽、棉蚜、棉叶螨、棉铃虫，预防枯萎病、黄萎病、苗病、铃病、红叶茎枯病，局部做好地下害虫（蝼蛄、蛴螬、金针虫、地老虎）、棉蓟马、象鼻虫、细菌性角斑病的防治。

（2）长江流域棉区。包括江苏、安徽、湖北、江西和湖南等省棉区。重点做好棉盲蝽、棉叶螨、棉铃虫、斜纹夜蛾、枯萎病、黄萎病的防治，预防苗病、铃病、红叶茎枯病，注意防治棉蚜、红铃虫、棉蓟马、烟粉虱。

（3）西北内陆棉区。包括新疆维吾尔自治区、甘肃等省区棉区。重点做好棉叶螨、棉蚜、棉铃虫、棉蓟马、棉盲蝽、烟粉虱、枯萎病、黄萎病、苗病、红叶茎枯病的防治。

2. 主要技术措施

（1）播种期。

预防对象：苗病、枯萎病、黄萎病、苗蚜、棉叶螨、棉盲蝽、棉蓟马、地下害虫等。

①选用抗（耐）病虫品种和包衣棉种，做好种子药剂处理。

②选择避风向阳、地势较高、排水方便田块作苗床，选用土质肥沃、无枯萎病、黄萎病等带菌土壤制钵育苗，培育无病壮苗。

③清除棉田内和田埂、路边杂草，减少棉盲蝽、棉蓟马、棉叶螨虫口基数。

（2）苗期。

防治对象：苗病、枯萎病、黄萎病、苗蚜、棉叶螨、棉盲蝽、棉蓟马、地下害虫等。

①小麦、油菜：收获后推迟灭茬，秸秆在田间堆放2~3天，使天敌充分向棉株转移，以益控害。

②苗病：发病前或初见时及时防治，尤其遇低温阴雨天气时，及时喷施枯草芽孢杆菌、多抗霉素、噁霉灵等药剂控制发生和发展。

③苗蚜：长江流域棉区以自然天敌控害为主；黄河流域和西北内陆棉区直播棉3片真叶前，当卷叶株率达5%~10%，或4片

真叶后卷叶株率10%~20%时,及时药剂防治。

④棉叶螨:黄河流域和西北内陆棉区在清除棉田内和周围杂草的基础上,当田间有螨株率低于15%时挑治中心株,超过15%时立即普治。

⑤棉盲蝽:长江流域棉区棉苗营养钵移栽前施好送嫁药。大田百株若虫量达到3头时,进行药剂防治。

⑥地老虎:采用昆虫性诱剂或糖酒醋液诱杀成虫,压低基数。采用晶体敌百虫配制毒土或毒饵顺垄条施诱杀幼虫。

⑦枯萎病、黄萎病:疏通"三沟"(围沟、横沟、厢沟),增施腐熟的有机肥和生物肥,合理增施磷、钾肥,补充微肥,氮肥可选用碳酸氢铵作追肥,发病前或初见病时用药,连续用药2~3次,间隔10天,叶面喷施与喷淋灌根相结合,注意轮换用药。

(3)蕾期。

防治对象:棉盲蝽、棉铃虫、棉叶螨、枯萎病、黄萎病、红叶茎枯病等。

①及时整枝,中耕除草;雨水多时,注意清沟沥水,降低土壤湿度,根据棉株长势适时喷施甲哌䭪控制旺长。

②棉盲蝽:黄河流域和长江流域棉区,重点防治早发、杂草多及与枣园、树林相邻棉田。采用昆虫性诱剂诱杀绿盲蝽成虫。当百株虫量达5头时实施药剂防治,施药时间应在9:00前或16:00后,由田边向内施药。

③棉铃虫:非抗虫棉及早发棉田,棉铃虫成虫期采用性诱剂配套干式飞蛾诱捕器,或条施生物食诱剂诱杀成虫;当棉铃虫百株低龄幼虫达10头时及时防治,优先选用棉铃虫NPV、甘蓝夜蛾NPV、Bt.(抗虫棉田禁用Bt.)、茚虫威等生物源杀虫剂。

④棉叶螨:点片发生并有扩展态势时,选用杀螨剂控制为害。

⑤枯萎病、黄萎病：发病前或初见病株时，及时用药控制病情发生和扩展。

⑥红叶茎枯病：现蕾后喷施钾肥，并根据土壤养分情况合理配合喷施硼肥和锌肥，预防和控制发病。

（4）花铃期。

防治对象：伏蚜、棉叶螨、棉铃虫、棉盲蝽、斜纹夜蛾、烟粉虱、铃病等。

①铃病：及时去空枝、打老叶，摘除烂铃和斜纹夜蛾卵块并带出田外深埋处理，改善通风透光条件，降低田间湿度和郁闭度的同时，减少田间病虫基数。同时，应避免偏多、偏迟施用氮肥，防止贪青徒长。铃病常发区，以花蕾和幼铃为重点适期喷药预防，发病前或初见病时喷药。雨前预防，雨后及时喷药控制发生和发展。

②棉铃虫：采用性诱剂、生物食诱剂诱杀成虫，降低田间落卵量。花蕾期当抗虫棉百株低龄幼虫10头、非抗虫棉累计百株卵量100粒时，进行药剂防治。

③当伏蚜、棉叶螨、棉盲蝽、斜纹夜蛾等虫口密度达到防治指标时，优先选用生物源、低毒、环境友好型药剂，并注意与蕾期药剂轮换。药剂防治指标，伏蚜：单株上中下3叶蚜量平均200~300头，全株均匀喷雾；斜纹夜蛾：百株2个卵块，在2龄幼虫分散前挑治；棉叶螨：点片发生时挑治，连片发生时全田防治；棉盲蝽：百株虫量达10头时，使用药剂防治。

二、主推技术措施

1. 清洁田园和秋耕技术

棉花收获后及时拔除棉秆并清洁田园，清除病虫残体。秋耕深翻，有条件棉区秋冬灌水保墒，压低病虫越冬基数。

2. 选用抗（耐）病虫品种

因地制宜选用抗枯萎病、耐黄萎病品种，黄河流域和长江流域棉区在选用抗病品种的基础上，

选用抗虫棉优质高产品种。

3. 种子处理技术

根据本地苗期主要病虫种类，合理选用杀虫剂、杀菌剂混合处理种子。

4. 生物源农药和天敌保护利用技术

（1）生物源农药。棉铃虫卵孵化始期喷施棉铃虫 NPV、甘蓝夜蛾 NPV、Bt. 等；斜纹夜蛾卵孵化始期喷施斜纹夜蛾 NPV，不仅具有良好的防治效果，还可有效保护天敌；应用藜芦碱、苦参碱等防治棉蚜、棉铃虫；预防苗病、枯萎病、黄萎病，采用1 000 亿芽孢/克枯草芽孢杆菌可湿性粉剂、5%氨基寡糖素水剂处理种子，苗期和花蕾期随水滴灌施药或叶面喷雾；防治铃病，真菌性铃害采用多抗霉素叶面喷雾，细菌性铃害选用乙蒜素、中生菌素、春雷霉素等防治。

（2）人工释放赤眼蜂。棉铃虫成虫始盛期人工释放卵寄生蜂螟黄赤眼蜂或松毛虫赤眼蜂，放蜂量每次 10 000 头/亩，每代放蜂 2~3 次，间隔 3~5 天，降低棉铃虫幼虫量。

（3）天敌保护利用。棉花生长前期注意保护天敌，发挥天敌控害作用。小麦、油菜收获后，秸秆在田间放置 2~3 天，有利于瓢虫等天敌向棉田转移。苗蚜发生期，当棉田天敌单位（以 1 头七星瓢虫、2 头蜘蛛、2 头蚜狮、4 头食蚜蝇、120 个蚜茧蜂为 1 个天敌单位）与蚜虫种群量比，黄河流域棉区高于 1∶120、长江流域棉区高于 1∶320、西北内陆棉区高于 1∶150 时，不施药防治，利用自然天敌控制蚜虫。长江流域棉区棉花苗期至蕾期一般年份不施用化学农药防治苗蚜。

5. 昆虫信息素诱杀害虫

棉铃虫越冬代成虫始见期至末代成虫末期，连片大面积使用棉铃虫性诱剂，每亩设置1个干式飞蛾诱捕器和诱芯；长江流域棉区斜纹夜蛾常发区，连片大面积使用斜纹夜蛾性诱剂，每亩设置1个夜蛾型诱捕器和诱芯，群集诱杀成虫，降低田间落卵量。连片施用生物食诱剂，于夜蛾科害虫（棉铃虫、地老虎、三叶草夜蛾等）主害代羽化前1~2天，以条带方式滴洒，每隔50~80m于1行棉株顶部叶面均匀施药，可诱杀成虫。

6. 生态调控和生物多样性

西北内陆棉区棉田周边田埂和林带下种植苜蓿等作物，培育和涵养天敌，增强天敌对棉蚜、棉铃虫、棉叶螨的控制能力。棉铃虫常发区，棉田套种玉米、苘麻条带，诱集棉铃虫，集中杀灭。推行棉花和油菜等作物插花种植，保护天敌。

7. 高效低毒环境友好型药剂

（1）防治蚜虫、棉盲蝽。可选用苦参碱等植物源杀虫剂；化学药剂选用烯啶虫胺、噻虫嗪等；棉盲蝽可选用氟啶虫胺腈等。

（2）防治棉铃虫、甜菜夜蛾等夜蛾科害虫。优先选用棉铃虫NPV、甘蓝夜蛾NPV、Bt.、茚虫威、苦参碱、多杀霉素等；昆虫生长调节剂可选用灭幼脲、抑食肼等；化学药剂可选用甲胺基阿维菌素苯甲酸盐、溴氰虫酰胺等。

（3）防治棉叶螨。选用苦参碱、浏阳霉素等生物源杀螨剂；化学药剂可选用乙螨唑等。

（4）预防和防治枯萎病、黄萎病。可选用80%乙蒜素、5%氨基寡糖素水剂、腐殖酸铜、黄腐酸盐等；化学药剂可选用辛菌胺醋酸盐等。

（5）防治铃病。真菌性铃病发病初期（铃上出现水渍状小点）可选用多抗霉素、乙蒜素，化学药剂可选用氯溴异氰脲酸、辛菌胺醋酸盐、吡唑醚菌酯等；细菌性铃病可选用嘧啶核苷类抗生素、乙蒜素、中生菌素、春雷霉素等，化学药剂可选用噻菌铜、春雷王铜、吡唑嘧菌酯等。

（6）药剂拌种。杀虫剂可选用吡虫啉或噻虫嗪种子处理剂；杀菌剂和生长调节剂可选用枯草芽孢杆菌、5%氨基寡糖素水剂、赤·吲乙·芸苔、芸苔素内酯、苯醚甲环唑、咯菌腈等。杀虫剂与杀菌剂混合包衣可控制苗期多种病虫害。

（7）苗病（炭疽病、立枯病、猝倒病、红腐病）。发病前或发病初期及时防治，可选用络合态代森锰锌、吡唑醚菌酯、噁霉灵等药剂。

第八章 人类疫情的防范

第一节 人类发生的重大疫情

从古到今，大大小小的瘟疫不计其数。仅进入 21 世纪以来，世界上就发生过几次大规模的疫情，给人们的生产和生活带来了巨大影响。

一、2003 年"非典"

"非典"是由一种冠状病毒（SARS-CoV）引起的急性呼吸道传染病，主要传播方式为近距离飞沫传播或接触患者呼吸道分泌物。

2002 年 11 月 16 日，在我国广东省发现了首例"非典（SARS）"病例，到 2003 年 2 月 9 日，广东省共报告 305 例，之后，"非典"迅速扩散到全国其他地区，并扩散至东南亚乃至全球，直至 2003 年中期疫情才被逐渐消灭。据世界卫生组织 2003 年 8 月 15 日公布的统计数字，全球累计非典病例共 8 422 例，涉及 32 个国家和地区。全球因非典死亡人数 919 人，病死率近 11%（图 8-1）。

二、2009 年 H1N1 流感

2009 年 4 月 15 日，美国加州发现了第一例 H1N1 病毒（猪流感）感染患者。2009 年 4 月 18 日，美国政府便报告 WHO，随

第八章 人类疫情的防范

图 8-1 2003 年非典

后 WHO 宣布此为全球突发公共卫生事件（PHEIC），受到感染高发的影响，美国学校停课。直至 2009 年 10 月，美国投放疫苗。2010 年 8 月，WHO 宣布疫情结束。

根据美国疾病预防控制中心（CDC）估计，在 H1N1 病毒传播的第一年，美国有 6080 万例感染，近 27.4 万人住院治疗，1.2 万余人死亡。全球范围内，因 H1N1 而失去生命的人数在 15 万~58 万人。

三、2012—2019 年中东呼吸综合征

2012 年 6 月，首例中东呼吸综合征（MERS）病例出现于沙特阿拉伯，并且一直持续到 2015 年。截至 2015 年 5 月 10 日，沙特阿拉伯累计确诊病例 976 例，其中，死亡 376 例（死亡率约 39%）。中东地区总计 1 090 例（占世界总数 95% 以上），为世界主要疫区。

根据 WHO 的报告，2016—2018 年，沙特 MERS 疫情有了很大的缓和。然而到了 2019 年，MERS 疫情卷土重来，再次迎来爆发，全球累计确诊 MERS 病例 203 例，呈现继续扩散态势，疫

情未来的发展仍需注意防范。

四、2013—2017年H7N9禽流感

H7N9禽流感是由H7N9病毒引起的一种急性呼吸道感染性疾病,人主要通过呼吸道吸入病毒而感染,也可以通过接触感染了H7N9病毒的禽类或直接接触病毒感染,目前还没有持续人际间传播的证据。

2013年3月底在上海市和安徽省两地率先发现。人感染H7N9禽流感潜伏期一般为7天以内。患者一般表现为流感样症状,如发热、咳嗽、少痰,可伴有头痛、肌肉酸痛和全身不适。重症患者病情发展迅速,表现为重症肺炎,体温大多持续在39℃以上,出现呼吸困难,可伴有咳血痰;可快速进展出现急性呼吸窘迫综合征、纵隔气肿、脓毒症、休克、意识障碍及急性肾损伤等。

截至2017年3月31日,我国已发生了5轮H7N9季节性流行(图8-2),共有1 447人感染了H7N9禽流感,死亡548例。

图8-2 禽流感疫情

五、2014—2018 年埃博拉病毒

埃博拉（Ebola virus）病毒是一种能引起人类和其他灵长类动物产生埃博拉出血热的烈性传染病病毒，其引起的埃博拉出血热（EBHF）是当今世界上最致命的病毒性出血热，感染者症状与同为纤维病毒科的马尔堡病毒极为相似，包括恶心、呕吐、腹泻、肤色改变、全身酸痛、体内出血、体外出血、发烧等。死亡率在 50%~90% 不等，致死原因主要为中风、心肌梗死、低血容量休克或多发性器官衰竭。

2014 年 2 月，西非地区开始暴发大规模的埃博拉病毒疫情，主要集中暴发于几内亚、利比里亚等国。2016 年 1 月 14 日，世界卫生组织宣布非洲西部埃博拉疫情结束。最终感染人数为 28 646 人，包括 11 324 例死亡，死亡率为 40%。

2018 年 5 月，刚果确认出现新一轮埃博拉病毒疫情，5 月 8 日一天死亡 17 人。之后 7 月 24 日，WHO 宣布疫情结束，总计出现 53 例病例。但没有料到，8 月 5 日病情再次暴发，2018 年 8 月 1 日至 2020 年 1 月 17 日，刚果民主共和国第 10 轮埃博拉病毒病疫情公共报告显示，埃博拉病毒病例 3 411 例，其中，死亡 2 237 例，另有 489 例疑似病例正在调查中。

六、2019—2020 年新型冠状病毒性肺炎

2019 年 12 月，武汉市部分医疗机构陆续出现不明原因肺炎病人。武汉市持续开展流感及相关疾病监测，发现病毒性肺炎病例 27 例，均诊断为病毒性肺炎/肺部感染。该病毒为新型冠状病毒。由新型冠状病毒感染导致的肺炎称为新型冠状病毒性肺炎。

患者主要临床表现为发热、乏力，呼吸道症状以干咳为主，并逐渐出现呼吸困难，严重者表现为急性呼吸窘迫综合征、脓毒症休克、难以纠正的代谢性酸中毒和出凝血功能障碍。2020 年 1

月20日，经国务院批准同意，国家卫健委决定将新型冠状病毒感染的肺炎纳入传染病防治法规定的乙类传染病，但采取甲类传染病的预防、控制措施。截至2020年5月19日，国内累计确诊人数为84 503，国外累计确诊人数为4 823 710，疫情未来的发展仍需注意防范（图8-3）。

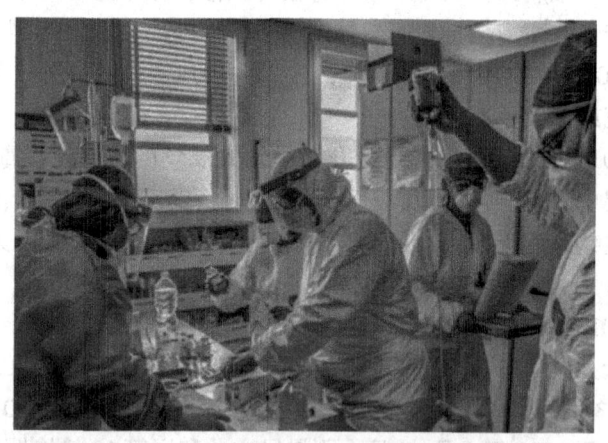

图8-3 新型冠状病毒性肺炎救治现场

第二节 农业生产中疫情的防范

一、圈养畜禽

畜禽圈养不仅是防疫需要，同时，也能改善人居环境。圈养可以减少人与畜禽直接接触的机会，预防人感染高致病性禽流感等人畜共患疾病的发生。圈养还有助于粪便收集和无害化处理，保持农村环境清洁卫生，减少蚊蝇等病媒生物滋生。

二、养殖场要定期消毒

要制定严格的消毒管理制度,并坚持定期进行消毒。日常消毒可用含氯消毒剂、过氧化物类等常用消毒剂,对养殖环境和养殖场内的运输通道、人行道路及养殖器械、运输车辆等进行喷洒、擦拭或浸泡消毒。在消毒时,必须做好人员防护及生物安全管理工作(图8-4)。

图8-4 养殖场消毒

三、不得自行处理病死畜禽

根据《畜禽养殖、运输、屠宰场所新型冠状病毒性肺炎预防控制指引》,养殖场一旦发现不明死因畜禽时,要及时向当地动物防疫部门汇报,不得自行处理病死畜禽。任何单位和个人不得抛弃、收购、贩卖、屠宰加工病死畜禽。

四、禁止野生动物交易活动

为严防新型冠状病毒性肺炎疫情,阻断可能的传染源和传播途径,市场监管总局、农业农村部、国家林草局已联合发布公告,自 2010 年 1 月 26 日起至全国疫情解除期间,禁止野生动物交易活动,各地饲养繁育野生动物场所实施隔离,严禁野生动物对外扩散和转运贩卖。各地农(集)贸市场、超市、餐饮单位、电商平台等经营场所,严禁任何形式的野生动物交易活动。社会各界发现违法违规交易野生动物的,可通过 12315 热线或平台举报。

第三节 做好个人防护

一、尽量减少外出活动

(1)避免去疾病正在流行的地区。

(2)建议疾病流行期间减少走亲访友和聚餐,尽量在家休息。

(3)减少到人员密集的公共场所活动,尤其是空气流动性差的地方,例如,公共浴池、温泉、电影院、网吧、KTV、商场、车站、机场、码头、展览馆等。

二、保持手卫生、佩戴口罩

(1)保持手卫生。双手经常会接触公共环境中的各类扶手、门把手、电梯按键、现金等,接触细菌和病毒的机会较大。大量流行病学资料显示,手是致病菌传播的媒介之一。每天从外面回家后、打喷嚏后、饭前便后、处理生肉后、接触宠物后等都应洗手,避免用脏手碰口鼻、揉眼睛,更不要一边吃东西一边玩手机。特别是去医院就诊的病人在摘除口罩之后,一定要进行洗手消毒。洗手时,要注意用流动水和使用肥皂(洗手液)洗,揉搓的时间不少于 20 秒。如果家里没有自来水或其他流动清洁水源，可请他人用水盆、水瓢等器具盛水，倒在手上形成流动水。

洗手时可采用七步法（图8-5），具体如下。

①洗掌心：掌心来相对，手指并拢相互搓；
②洗手背：手心对手背，沿着指缝细细搓；
③洗指缝：掌心再相对，双手交叉指缝搓；
④洗手指：弯曲指关节，旋转交换全面搓；
⑤洗拇指：握住大拇指，置于掌心来打磨；
⑥洗指尖：指尖相并拢，掌心旋转轻揉搓；
⑦洗手腕：手腕相互洗，保证清洁无遗落。

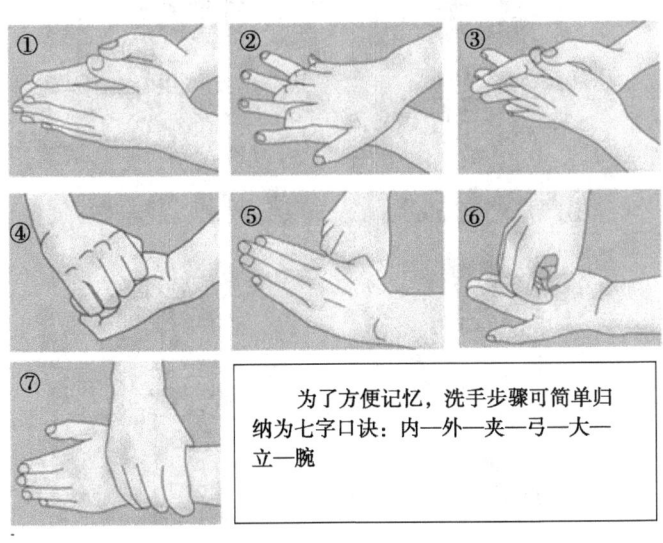

为了方便记忆，洗手步骤可简单归纳为七字口诀：内—外—夹—弓—大—立—腕

图8-5 洗手七步法

（2）建议外出佩戴口罩。戴口罩是阻断呼吸道分泌物传播的有效手段。目前市面上能看到的口罩主要有一次性使用医用口罩、医用外科口罩、医用防护口罩（例如，N95口罩）、普通棉

纱口罩等。疫情期间，以自我防护、降低呼吸道感染风险为目的，可选择佩戴一次性使用医用口罩或医用外科口罩即可，不必过度防护。只有当近距离（1m以内）接触确诊病例或疑似病例时，需佩戴医用防护口罩（N95及以上）。普通棉纱口罩的材质大部分为棉布、纱布等，主要用于保暖，无法起到预防感染目的，不建议佩戴。儿童可选用符合国家标准的儿童专用口罩，1岁以下婴幼儿不宜戴口罩。

一次性使用医用口罩的佩戴方法如下（图8-6）。

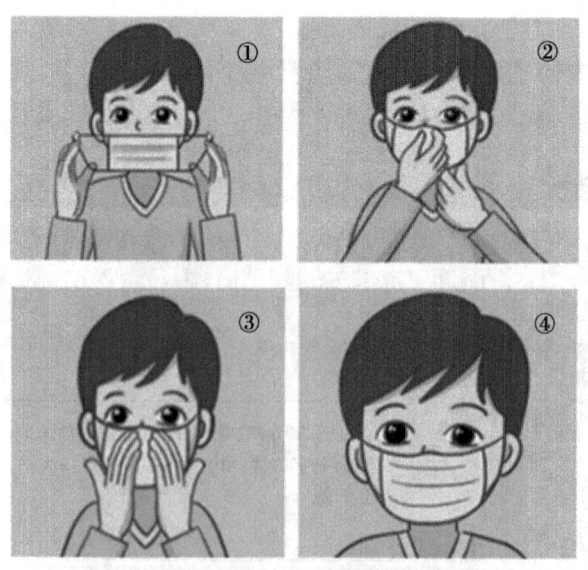

图8-6 一次性使用医用口罩的佩戴方法

①清洗双手，拿起口罩，判断内外上下。一般深色面朝外，浅色面朝内；有金属条的为上方。

②将口罩横贴在脸部口、鼻上，将口罩两端的绳子挂在耳朵

上。双手同时向上下方向将口罩的皱褶拉开，使口罩覆盖口、鼻、下颌，然后压紧鼻夹，使口罩与面部完全贴合。

③双手指尖向内触压鼻夹，逐渐向外移。

④适当调整口罩，使周边充分贴合面部。

注意口罩不可内外面戴反，更不能两面轮流戴。

三、避免接触野生禽畜

（1）避免接触禽畜、野生动物及其排泄物和分泌物，避免购买活禽和野生动物。

（2）避免前往动物农场和屠宰场、活禽动物交易市场或摊位、野生动物栖息地或等场所，必须前往时要做好防护。

（3）避免食用野生动物。不要食用已经患病的动物及其制品；要从正规渠道购买冰鲜禽肉，食用禽肉蛋奶时要充分煮熟，处理生鲜制品时，器具要生熟分开并及时清洗，避免交叉污染。

四、杜绝带病上班、聚会

如有发烧、咳嗽等呼吸道感染的症状，居家休息，减少外出和旅行，天气良好时居室多通风，接触他人请佩戴口罩。要避免带病上班、上课及聚会。

五、及时就医

如出现发热咳嗽等呼吸道感染症状，应根据病情就近选择医院发热门诊就医，并戴上口罩就诊，同时，告知医生类似病人或动物接触史、旅行史等。

参考文献

《农村居民应急救助手册》编写组. 2016. 农村居民应急救助手册,灾害篇 [M]. 武汉:长江出版社

丛书编委会. 2015. 自然灾害的预防与自救丛书,风灾 [M]. 贵阳:贵州科技出版社.

丛书编委会. 2015. 自然灾害的预防与自救丛书,泥石流 [M]. 贵阳:贵州科技出版社.

福建地震灾害预防中心. 2009. 农村地震安全手册 [M]. 福州:福建科学技术出版社.

全国农业技术推广服务中心. 2018. 农作物重大病虫害监测预警工作年报. 2017 [M]. 北京:中国农业出版社.

张卢妍. 2018. 火灾预防与救助 [M]. 北京:化学工业出版社.